INGE WOLFF

Der aktuelle Knigge im Job

Herausgegeben von Danny Morgenstern

INHALT

„Es gibt eine Höflichkeit des Herzens; sie ist der Liebe verwandt. Aus ihr entspringt die bequemste Höflichkeit des äußeren Betragens.“

Johann Wolfgang von Goethe, deutscher Dichter

VORWORT

„Sei, was du scheinen willst."

Sokrates

Wundern Sie sich vielleicht, sehr geehrte lesende Person, über dieses Zitat als Einleitung für einen Knigge im Job? Falls ja, kann ich das gut verstehen, springt doch auf den ersten Blick „scheinen" ins Auge. Umgangsformen im Beruf als „schnöder Schein" also, als Blendwerk? Als aufgesetztes Getue? Als Mittel zum Zweck, um etwa neue Kundschaft „einzufangen"? Drei Mal ein kräftiges „Nein!" wäre vermutlich auch im Sinne des griechischen Philosophen. Sein Satz bedeutet, intensiv gelesen, genau das Gegenteil. Nur, wenn ein Mensch wirklich ist, wie er erscheinen möchte, wirkt er authentisch. Wer von anderen positiv wahrgenommen werden will, erreicht das dauerhaft ausschließlich mit einer entsprechenden Grundeinstellung zu den Mitmenschen. Wenn eine Person sich wünscht, als höflich und sympathisch geschätzt zu werden, hat sie so zu sein, satt lediglich so zu tun, als ob sie es wäre. Gute Umgangsformen sind viel mehr und ganz anderes als ein auswendig zu lernendes Regelwerk. Sie basieren auf der Wertschätzung, die jedem Menschen zusteht; auf der Akzeptanz der jeweiligen „eigenen Wahrheit"; auf dem Wissen um das Zusammenspiel von Emotionen und Rationalem gepaart mit der Fähigkeit zur Empathie.

Dazu kommt: Umgangsformen waren und sind stets im Wandel. Einflüsse wie Zeitgeist, neue Technologien, die veränderte Stellung der Frau in der Gesellschaft, früher nicht dagewesene Lebensformen, moderner Lifestyle und anderes haben so manches reformiert. Andererseits sind längst nicht alle Traditionen über Bord geworfen. Durch dieses Bewusstsein entstehen oft Unsicherheiten. Solchen entgegenzuwirken und die Antworten auf häufig gestellte Fragen zu geben, ist eines der Ziele dieses aktuellen Knigges im Job.

Viel Freude beim Blättern und Lesen sowie interessante Informationen wünscht Ihnen

Inge Wolff

1 Know-how, Knigge und Karriere – Vorhang auf für den Erfolg

Reines Fachwissen reicht heutzutage nicht mehr aus, um die Karriereleiter zu erklimmen. Das Zauberwort heißt: Softskills. Doch viele denken nicht daran, dass zu diesen häufig beschworenen „weichen Faktoren“ als wichtiger Teil der sozialen Kompetenz auch die guten Umgangsformen gehören. Wie diese unter modernen Gesichtspunkten interpretiert werden, erfahren Sie in diesem Kapitel.

Warum überhaupt einen Job-Knigge? – von alten Zöpfen und neuen Hüten

Das Mini-Quiz für Ihren persönlichen Schnell-Check zu den Themen Territorium, Distanzzonen, Ebenen und Kleidung:

1	Um bei beruflichen Begegnungen Erfolg zu haben, ist es am wichtigsten, dass auf der Sachebene alles optimal verläuft.	☐ richtig ☐ falsch
2	Am leichtesten ist es, persönlichen Kontakt zu fremden Menschen herzustellen, wenn dieser in der öffentlichen Distanz aufgebaut wird.	☐ richtig ☐ falsch
3	Unter den „territorialen Anspruch“, den Menschen haben, fallen nicht nur räumliche Gebiete wie ein Stammplatz oder das eigene Büro, sondern auch Kompetenzbereiche und Gewohnheitsrechte.	☐ richtig ☐ falsch
4	Beim ersten Eindruck spielt die Kleidung eine relativ geringe Rolle. Soll er gut ausfallen, ist es viel wichtiger, in den ersten Sekunden, die ihn bestimmen, auf den Inhalt des Gesprochenen großen Wert zu legen.	☐ richtig ☐ falsch
5	Eines der tief verankerten Image-Bilder zu Berufskleidung enthält die Assoziation: Klassische Kleidung – Anzug, Hemd, Krawatte für den Mann, Kostüm oder entsprechender Hosenanzug für die Frau – ist synonym mit „vertrauenswürdig, kompetent, seriös“.	☐ richtig ☐ falsch

Haben Sie etwas Zeit, die Antworten herauszufinden? Dann lesen Sie, bitte, das folgende Kapitel. Möchten Sie das Ergebnis lieber auf einen Blick? Dann schauen Sie einfach auf Seite 104 nach.

„Die Chemie hat nicht gestimmt“ – versteckte Fettnäpfchen

Vielleicht kennen Sie den „Chemie-Satz“ nicht nur, sondern haben ihn selbst sogar schon ausgesprochen. Er dient gern zur Beschreibung, wenn in einer Begegnung oder im Gespräch etwas schiefgelaufen ist oder in einer Verhandlung kein übereinstimmendes Ergebnis erzielt wurde. Oft wird das auch etwa so ausgedrückt: „Ich weiß selbst nicht so recht, woran das lag. Irgendwie waren wir nicht auf einer Wellenlänge.“ Wie auch immer formuliert: Es ist der zwar unwissenschaftliche, jedoch intuitiv richtige Versuch, ein Phänomen zu beschreiben – das einer gestörten Kommunikation. Wenn es auftaucht, spüren dies die Menschen sehr wohl. Viele können sich allerdings oft nicht erklären, woher die Störung kommt.

Der häufigste Grund für „Chemie-Diskrepanz“ oder fehlende „Wellenlänge-Übereinstimmung“ ist: Die Menschen vergessen, dass Kommunikation immer auf zwei Ebenen stattfindet – auf der rationalen sowie auf der emotionalen – und dass dabei die gefühlsmäßige die Hauptrolle spielt! „Aber doch nicht im Beruf!“, möchten Sie jetzt vielleicht entrüstet einwerfen. „Da haben Emotionen nichts zu suchen. Es geht doch ausschließlich um Sachverstand, Wissen und Rationalität!“ Sorry: Widerspruch. Der Mensch ist – und bleibt es auch im Beruf – ein emotionales Wesen. Die frühere Meinung, Gefühle seien im Geschäftsleben überflüssig oder sogar schädlich, zum Beispiel bei der Teamführung, gehört zu den längst entsorgten alten Zöpfen. Seit einigen Jahren hat sich die Erkenntnis durchgesetzt, dass ein hoher IQ – Intelligenzquotient – keineswegs die Garantie für beruflichen Erfolg ist. Weit wichtiger als der IQ ist der EQ, der emotionale Intelligenzquotient (oft kurz emotionaler Quotient oder emotional quality genannt). Diese „Intelligenz der Gefühle“ ist die Fähigkeit:

- ➔ die eigenen Emotionen zu erkennen,
- ➔ sie auf angemessene Art zu handhaben und produktiv zu nutzen,
- ➔ sich zu motivieren und
- ➔ sich in andere hineinzuversetzen.

Der US-amerikanische Psychologe Daniel Goleman, einer der Vorreiter der EQ-Forschung, formulierte es so: „Die emotionale Intelligenz ist eine Metafähigkeit, die darüber entscheidet, wie wir unsere sonstigen Fähigkeiten zu nutzen verstehen.“

Dass auch Umgangsformen nur dann optimal sind, wenn sie mit emotionaler Intelligenz praktiziert werden, liegt auf der Hand. Wer meint, das Miteinander durch stures Anwenden von – vielleicht gar auswendig gelernten – Regeln oder mit kalt aufgesetzter Höflichkeit verbessern zu können, irrt gewaltig (→ auch Seite 20f). Die Form, wie ein Mensch mit seinem Gegenüber umgeht – seine Umgangs-Form mit ihm also – erweckt immer ein Gefühl. Ist dies ein angenehmes, wirkt sich das positiv auf die Kommunikation aus. Ist es ein unangenehmes, wird die „Wellenlänge" oder „Chemie" gestört. Zugegeben: In Geschäftsverhandlungen, Teambesprechungen oder Konferenzen brauchen Sie realistische Fakten, sachliche Argumente und Fach-Know-how. Doch all das nutzt Ihnen herzlich wenig, wenn Sie die Wichtigkeit der emotionalen Ebene unterschätzen.

TIPP

Wie wichtig sind die Emotionen?

Bitte, stellen Sie sich einen Konferenztisch vor, an dem einige Personen miteinander reden. Oberhalb des Tisches laufen die „rationalen Rohre" zwischen den Beteiligten. In ihnen findet der sachorientierte Austausch statt. Unter dem Tisch – unsichtbar und deshalb von vielen unbemerkt oder außer Acht gelassen – verstecken sich die viel wichtigeren „emotionalen Rohre". Und sind diese „verstopft" – sprich: Es gibt gefühlsmäßige Blockaden, sehr häufig unbewusste Antipathien –, läuft auch oberhalb des Tisches nichts mehr gut.

Solche „Verstopfungen" des „emotionalen Rohres" können bereits in den ersten Sekunden eines Treffens entstehen. (Übrigens im privaten Bereich genauso wie im geschäftlichen.) Sei es, weil ein „ungeschriebenes Gesetz" (→ Seite 10ff) missachtet wurde, der erste Eindruck (→ Seite 16f) Aversionen weckte oder Unmut durch nonverbale Signale (→ Seite 68ff) erregt wurde. Auch „Unterlassungs-Sünden" wirken sich oft nachteilig aus. Viele Menschen vergessen: Kommunikation ist nicht nur das, was gesagt oder getan wird. Paul Watzlawick, einer der bekanntesten Kommunikationswissenschaftler, definiert es so: „Kommunikation ist das gesamte Verhalten in einer zwischenmenschlichen Situation." Er hat auch den Satz geprägt: „Man kann nicht nicht kommunizieren!" Das bedeutet: Auch, wenn etwas unterbleibt, kann das ein starkes Kommunikations-Signal sein – und zwar meist ein negatives. Beispiele: ein vergessener Dank oder Gruß; eine erwartete, jedoch ausbleibende Bitte um Entschuldigung. Ebenso können im Verlauf eines Gesprächs leicht „Rohr-Blockaden" entstehen, etwa durch unbedachte Wortwahl und ungünstige Formulierungen (→ Seite 58ff). Es gibt Menschen, die so empfindlich sind, dass bereits eine falsche Begrüßung oder fehlerhafte Anrede die emotionale Basis stark beeinträchtigt. Sie sehen: Versteckte Fettnäpfchen gibt es reichlich. Eines davon steht trittbereit, wenn es um das Distanzbedürfnis der Menschen geht.

„Rück mir ja nicht auf die Pelle!“ – Abstand, Abwehr, Aversionen

Die Kollegin, die beim Schwätzchen am Kopierer so tut, als sei sie Ihre Vertraute und Kopf an Kopf mit Ihnen tuscheln will. Der Chef, der die Angewohnheit hat, sich wenige Zentimeter neben Ihrem Bürostuhl aufzubauen, wenn er Anweisungen gibt. Die Verkäuferin, die, während Sie einen Blazer anprobieren, plötzlich mit der Hand über Ihren Rücken streicht, als wolle sie Falten wegbügeln. Der Geschäftspartner, der meint, sein Vertrauen zu Ihnen am besten dadurch ausdrücken zu können, indem er Ihnen fast Nase vor Nase die Hand schüttelt und dabei mit der linken Hand jovial Ihren Rücken klopft. Das Teammitglied, welches Ihnen (vielleicht als Bekräftigung seiner Argumente gemeint) die Hand auf den Arm legt. Alltagsszenen, die allesamt diese Gemeinsamkeit haben: Die „ungeschriebenen Distanzgesetze“ unter relativ Fremden wurden verletzt. Und nur, wenn Sie zu den jeweiligen Personen ein vertrauensvolles oder freundschaftliches Verhältnis haben, werden Sie die geschilderten Verhaltensweisen nicht als unangenehm empfinden. In distanzierten Geschäftsbeziehungen können sie starke Aversionen auslösen und somit „Emotionsrohr-Verstopfer“ erster Güte sein!

„Was mich anbetrifft, so zahle ich für die Fähigkeit, mit Menschen umgehen zu können, mehr als für irgendeine andere auf der Welt.“

John Davison Rockefeller, US-amerikanischer Unternehmer

GUT ZU WISSEN

Die Distanzzonen im Überblick

Laut verhaltenswissenschaftlicher Studien haben die meisten Menschen, die innerhalb eines Kulturkreises leben, ein weitgehend übereinstimmendes Distanzempfinden. Als Distanzzone wird der räumliche Abstand zum Gegenüber bezeichnet. Für den nord- und mitteleuropäischen Raum gilt die Einteilung in vier Distanzzonen:

1. **Die intime Distanzzone:** Sie reicht von ganz nah einschließlich Körperkontakt bis zu etwa einem halben Meter und ist unter relativ fremden Menschen ganz allgemein und besonders im Geschäftsleben die „Tabuzone". Ausgenommen sind lediglich Berufsgruppen, die ihre Tätigkeit ohne Körperkontakt nicht ausüben können. Also alle medizinischen und kosmetischen Metiers wie Ärztin, Physiotherapeut, Friseurin, Visagist und Ähnliche. Außerdem hat der Gesellschaftstanz eine Sonderstellung, bei der sich selbst wildfremde Menschen – allerdings erst nach vorheriger Absprache! – ohne negative Konsequenzen anfassen können.
2. **Die persönliche Distanzzone:** Sie eignet sich am besten für Gespräche – Reichweite zwischen zirka einem halben Meter bis zu ungefähr einem Meter – und ist die „Begrüßungs-Distanz" für den Handschlag (→ Seite 26ff).
3. **Die gesellschaftliche Distanzzone:** Sie schließt an die persönliche an und endet bei gut zwei Metern. Hier kann eine erste Kotaktaufnahme – etwa durch Blickkontakt – stattfinden. Durch sogenannte Distanzzonenvergrößerer wie im Berufsleben Schreibtische können ungünstige Signale gesendet werden (→ Seite 68).
4. **Die öffentliche Distanzzone:** Sie beginnt bei ungefähr zwei Metern und verläuft bis ins Unendliche. In großer Entfernung ist es am schwierigsten, persönlichen Kontakt zu Menschen herzustellen – je weiter weg, desto diffiziler. Deshalb ist es bei Reden, Meetings oder Präsentationen in großen Räumen wichtig, sich auf dieses Hemmnis einzustellen (→ Seite 71).

Diese räumlichen – meist unbewusst geforderten – „Demarkationslinien" zu respektieren ist sehr wichtig für eine angenehme Kommunikation. Zum Glück können Sie diese Erwartung recht einfach erfüllen, indem Sie das Distanzbedürfnis beachten. Weitaus schwieriger gestaltet es sich hingegen, eine der elementaren Maximen guten Umgangs in die Tat umzusetzen: die Wahrung der persönlichen Grenzen eines Menschen. Warum? Weil diese erstens nicht wie Distanzzonen in Metern angegeben oder mit anderen Hilfsmitteln gemessen werden können. Weil sie zweitens unsichtbar und drittens auch noch permanent veränderlich sind. Je nach „Seelenlage" – gute oder schlechte Laune – umschließen sie einen Menschen unterschiedlich eng.

Mit ziemlicher Sicherheit kennen Sie dies: Eine Person, die Ihnen als sehr geduldig, meist heiter und im Umgang völlig „pflegeleicht" bekannt ist, explodiert plötzlich bei einer – wie es sich Ihnen darstellt – banalen Kleinigkeit. Oder Sie ertappen sich selbst an einem der berühmt-berüchtigten „schwarzen Montage" (die es natürlich an jedem Wochentag geben kann) dabei, dass Sie die sprichwörtliche Fliege an der Wand in einen Wutanfall treibt. Häufig ist dann die Rede vom „Tropfen, der das Fass zum Überlaufen brachte." Dieses Bild eignet sich gut, das sperrige Fachwort Frustrationstoleranzgrenze – denn die ist mit „persönliche Grenze" eines Menschen gemeint – zu illustrieren.

Stellen Sie sich, bitte, vor, jeder Mensch trägt ein imaginäres, sehr flexibles aufblasbares Regenfass mit sich herum. Ist er gut gelaunt, umschließt es ihn prall aufgepumpt in seiner vollen Ausdehnung. So hat es zum einen ein großes Fassungsvermögen. Unendlich viele Tropfen passen hinein, ohne dass Überlaufgefahr besteht. Zum anderen wirkt es wie ein Puffer, der Unliebsames abfedert oder ganz fernhält. Mit zunehmend schlechter Laune entweicht mehr und mehr Luft aus der „Schutztonne". Sie zieht sich immer enger um den Menschen zusammen, die Auffangkapazität reduziert sich rapide bis die Pufferzone total verschwindet. Dann kann ein winziger „Tropfen" die nun schutzlose Person treffen wie ein faustdickes, schmerzendes Hagelkorn. Solche „Einschläge" können bereits durch ein ungeschicktes Wort, einen falschen Satz, eine fehlende Höflichkeitsgeste oder ein als nachlässig empfundenes Benehmen ausgelöst werden. Die Grenzverschiebungen sind unter Fremden kaum und in sehr vertrauten Verbindungen nur einigermaßen gut wahrnehmbar. Doch selbst dort nur dann, wenn Sie sehr aufmerksam sind.

Achten Sie deshalb auf Körpersprache sowie auf die Stimme oder ungewöhnliche Schweigsamkeit. Im Vergleich zu dem sonst gewohnten Verhalten können Sie daraus wichtige Schlüsse auf die jeweilige Befindlichkeit ziehen und so ungewollte Grenzübertretungen minimieren.

TIPP

So beugen Sie Missverständnissen vor

Innerhalb einer vertrauten Gemeinschaft, etwa im Team, kann es hilfreich sein, wenn Sie in Ausnahmesituationen die eigene „Seelenlage" veröffentlichen. Beispiel: „Falls ich heute etwas kurz angebunden bin, hat das nichts mit euch zu tun. Ich ..." (kurze Erklärung der ungewöhnlichen Lage wie „habe starke Kopfschmerzen", „bin schrecklich nervös wegen der Präsentation", „mache mir Sorgen um mein krankes Kind" und Ähnliches). So können Sie Missverständnissen und unnötigem Frust – „Habe ich etwa irgendetwas mit dem Missmut zu tun?!?" – vorbeugen.

Ob Fremde oder Vertraute: Ganz allgemein können Sie Grenzübertretungen am besten im Zusammenspiel von emotionaler Intelligenz, dem Einhalten der gängigen Umgangsformen und dem Wissen um die „ungeschriebenen Gesetze" vermeiden. Zu Letzteren zählen Erwartungen, die Menschen an das Verhalten anderer haben, ohne sich dessen bewusst zu sein. Erst wenn der unterschwellige Wunsch unerfüllt bleibt, stellt sich mit der aufkeimenden Empörung das Nachdenken über „so 'ne Frechheit!" ein. Dann hat eine Grenzverletzung allerdings bereits stattgefunden und das „emotionale Rohr" bekommt den ersten „Verstopfungs-Schub". Beispielsweise auch, wenn ein territorialer Anspruch missachtet oder übergangen wird.

„Mein Schreibtisch gehört mir“ – Revierkämpfe im Beruf

„Der führt sich ja auf, als wär er hier der Platzhirsch!“ Bei einem solchen beispielhaft gewählten „tierischen“ Vergleich wissen alle, was gemeint ist. Dass die so charakterisierte Person sich unbeliebt gemacht hat, ist ebenso klar. Was das als Fehlverhalten empfundene „Platzhirschgehabe“ mit territorialem Anspruch zu tun hat, wird erst bei genauerer Betrachtung erkennbar. Menschen möchten zusätzlich zu ihren persönlichen Grenzen nicht nur ihr räumliches Terrain respektiert wissen. Sie empfinden auch Abstraktes, etwa Kompetenzbereiche, Wissensgebiete und Gewohnheitsrechte als ihr Territorium. Ebenso gehören dazu Plätze und Dinge, die mit „mein“ bezeichnet werden, obwohl sie gar kein Eigentum sind. Beispiele: Der Schreibtisch nebst Stuhl und der PC in der Firma sind auch dann „mein Revier“, wenn sie eindeutig zum Betriebseigentum gehören (vorausgesetzt, es gibt feste Arbeitsplätze). Jedes Eindringen in das unbewusst als „mein“ empfundene Gebiet wird als Grenzverletzung erlebt. Je nach Temperament kann die Reaktion auf solche Übergriffe von irritiert bis stocksauer inklusive Wutausbruch reichen oder gar zu lange anhaltenden Querelen mit „Vergeltungsmaßnahmen“ führen.

> **TIPP**
>
> **Territorium achten**
>
> Sie verhalten sich klug, indem Sie das „Hoheitsgebiet Schreibtisch“ respektieren, wenn Sie mit Unterlagen in ein fremdes Büro kommen. Ein empfindlicher Mensch fühlt sich bereits brüskiert, wenn Sie „Ihren Krempel“ – wie es dann oft missmutig gedacht wird – ohne Erlaubnis auf seinem Schreibtisch ablegen. Besonders wichtig bei Besuchen in Räumen der Kundschaft!

Auch im Team ist es förderlich fürs gute Klima, Schreibtischreviere zu achten. Vermutlich kennen Sie diese Situation aus Ihrem Berufsalltag: Zwei Schreibtische sind mit den Längsseiten aneinandergestellt. Die beiden dort Tätigen sitzen sich gegenüber. Wenn Sie sich die beiden Arbeitsplätze mit „territorial geschulten Augen“ anschauen, können Sie die abgesteckten Reviere gut erkennen. Die große Schreibunterlage in der Mitte wird umrahmt von rechts Mousepad und PC (bei Rechtshändigen), oberhalb sind mehr oder minder dekorativ neben dem Telefon Stifteschale oder -köcher, einige Figürchen, ein Foto von der Familie oder der „besseren Hälfte“, vielleicht noch eine kleine Vase mit Blumen arrangiert. Links finden sich Ablagekörbe, Aktenstapel oder Ähnliches. Käme nun eine der beiden Personen auf die Idee, Unterlagen, Ordner oder sonst was in die „andere Hälfte“ zu schieben, würde der Protest seitens des Gegenübers kaum auf sich warten lassen. Das hat mit einem weiteren „ungeschriebenen Territorialgesetz“ zu tun: Wenn Plätze oder Räume eine Teilung erfordern, dann wird erwartet, dass dies gerecht, halbe-halbe nämlich, geschieht. Dies gilt zum Beispiel auch, wenn Sie sich beim Essen mit einer gegenüber sitzenden Person zu arrangieren haben, etwa in der Firmenkantine.

Welchen Einfluss das Gewohnheitsrecht haben kann, zeigen die folgenden Situationen: Auf dem betriebseigenen Parkplatz gibt es zwar keine reservierten, festen Stellflächen. Es ist aber allen bekannt, weil seit Langem so gehandhabt, dass die Chefin immer auf dem Platz neben dem Eingang parkt. Wie „begeistert" sie wäre, diesen Bereich eines Morgens durch den Wagen eines Teammitglieds besetzt zu sehen, können Sie sich sicher vorstellen. Oder wie würden Sie Folgendes finden? In Ihrem Team hat sich bei Meetings im Laufe der Zeit eine Sitzordnung ergeben, mit der alle bestens zufrieden sind und die deshalb von allen automatisch eingehalten wird. Dies wurde zwar nie festgelegt oder gar als Regel bekannt gegeben, dennoch wird es automatisch stets praktiziert. Und nun haben Sie eine neue Kollegin, die sehr bemüht, fast schon übereifrig ist und sich deshalb auch mehr als pünktlich in den Konferenzraum begeben hat. Als Sie ihn betreten, sitzt sie auf Ihrem Stammplatz! Ihr Wunsch, die Neue sofort von dort zu vertreiben, ist mit ziemlicher Sicherheit groß.

GUT ZU WISSEN

Einige weitere Beispiele für Territorialverletzungen:

Es wird

- über den Kopf eines Menschen hinweg eine Entscheidung gefällt, die in seinen Kompetenzbereich gehörte;
- ein persönlicher Gegenstand wie ein Smartphone oder ein Timeplaner ohne ausdrückliche Erlaubnis in die Hand genommen, angeschaut oder gar benutzt;
- ohne zu fragen etwas von einem Schreibtisch fortgenommen oder daraufgelegt, während die dort tätige Person abwesend ist;
- an fremde Schubladen oder Schränke gegangen, um dort etwas zu suchen;
- ohne vorherige Einwilligung am PC eines Teammitglieds gearbeitet, obwohl eine gemeinsame Nutzung nicht abgesprochen ist;
- ein Privileg entzogen. (Das kann auch eine in den Augen der anderen sehr kleine Vorrangstellung sein.) Gleitende Arbeitszeit wird in feste Zeiten geändert. Ein Einzelbüro wird aufgelöst und die dort tätige Person hat sich in Zukunft einen Raum mit mehreren zu teilen;
- während einer zum Beispiel urlaubs- oder krankheitsbedingten Abwesenheit „das Büro umgezogen", somit sind auch persönliche Dinge ohne Genehmigung ein- und wieder ausgepackt worden.

Von oben herab – nicht nur eine Frage der Hierarchie

Wenn im Beruf Sätze wie: „Die da oben haben mal wieder ...“ oder: „Denen da oben sollte man mal ...“ fallen, sind mit „oben“ in der Regel die Zugehörigen der Leitungsebene gemeint. Und diese sind sehr oft nicht nur im hierarchischen Sinn „über“ den anderen, sondern auch rein räumlich. In großen Firmen befinden sich Führungskräfte-Büros meist in einem der oberen Stockwerke. Dies zeigt sehr anschaulich die Doppelbedeutung von „oben“. Wird über einen Menschen gesagt, dass er „von oben herab“ mit anderen spricht, bedeutet das: Er wirkt hochmütig, herablassend. Die negativen Auswirkungen auf die Kommunikation sind hinlänglich bekannt. Weniger geläufig ist diese Erkenntnis: In einem Gespräch können auch die rein räumlichen Positionen „oben“ und „unten“ ungünstige Folgen haben. Wenn eine Person steht und die andere sitzt, kann sich die „untere“ schnell unwohl fühlen – „klein“, „untergebuttert“, „gedeckelt“ oder gar „von oben herab behandelt“. Führen Sie Gespräche deshalb möglichst auf einer Kommunikationsebene – alle stehen oder alle sitzen.

TIPP

Gleiche Ebene

Beachten Sie die Gleichheit der Ebenen, bitte, auch bei einer Begrüßung. Für Kommende aufzustehen ist sowohl ein nonverbales Zeichen von Wertschätzung als auch die einzige Möglichkeit, dass Sie sofort die Übereinstimmung der Kommunikationsebene herstellen können.

Die überlieferte Umgangsformen-Regel: „Eine Dame bleibt zur Begrüßung eines Herrn immer sitzen“ gehört zu den alten Zöpfen, die aus einer anderen Zeit stammen. Sie stehen Frauen nicht einmal mehr im privaten Bereich gut und schon gar nicht im beruflichen Umfeld. Nicht nur dort ist heutzutage eindeutig klar: Ein höflicher Mensch steht – unabhängig vom Geschlecht – zur Begrüßung anderer immer auf. Es sei denn, körperliche Beeinträchtigungen ließen dies nicht zu.

„Freundlichkeit ist eine Sprache, die Taube hören und Blinde lesen können.“

Mark Twain, amerikanischer Schriftsteller

Zwischen Nadelstreifen und Blaumann – der erste Eindruck

Wie schon erwähnt, kann neben den bislang geschilderten „Chemie-Störern" auch der erste Eindruck das „emotionale Rohr" verstopfen. Denn er findet nicht im Kopf statt, sondern „im Bauch" – wie landläufig das Unbewusste gern bezeichnet wird. Von dort bekommen Sie in wenigen Sekunden die Signale, welche Sie zur impulsiven Einordnung fremder Personen in das erste grobe Raster gelangen lassen: unsympathisch oder sympathisch. Dieser spontan gebildeten Meinung messen viele Menschen so große Bedeutung bei, dass sie nicht oder nur sehr eingeschränkt bereit sind, sie im Laufe des besseren Kennenlernens zu korrigieren. Das ist sowohl unfair – der „einsortierten" Person gegenüber – als auch unklug – sich selbst gegenüber. Warum? Weil der erste Eindruck sehr stark von Ihrer „inneren Lebenslandkarte" geprägt ist. Auf ihr ist alles verzeichnet, was Sie in Ihrem Leben erfahren und erlebt haben: Gutes wie Böses, Angenehmes wie Unangenehmes. Auch Ihre Wertmaßstäbe, Moralvorstellungen, ethischen Ansprüche, Erwartungen, Hoffnungen und mehr sind auf dieser „Karte" unauslöschlich eingeprägt. Im Verbund mit Vorurteilen und Stereotypen sowie realen Beobachtungen (wie Körperbau, Gang, Haltung, Mimik, Stimme, Kleidung, Duft und anderes) ist sie ausschlaggebend dafür, wie Sie Ihr fremdes Gegenüber bewerten. Dass eine von solchen Komponenten geprägte Beurteilung nur in höchstem Maße subjektiv sein kann, ist klar. Dazu kommt: Findet Ihr Unbewusstes im Abgleich der fremden Person mit der „Lebenslandkarte" ein auch nur noch so winziges Detail, das mit einer schlechten Erfahrung oder Erinnerung verknüpft ist, schrillt die Alarmglocke. Vorsicht: unangenehm! Schon hat der Mensch den Stempel „unsympathisch" weg. Umgekehrt funktioniert es genauso. Ergibt der Abgleich etwas Erfreuliches, kommt das Signal: „sympathisch". Verhindern können Sie solche Informationen „aus dem Bauch" nicht.

Es gibt keinen „Ein-Aus-Schalter" wie bei einem elektrischen Gerät, mit dem sich ein erster Eindruck abstellen lässt.

TIPP

Was zählt beim ersten Eindruck?

Bei den realen Wahrnehmungen während des ersten Eindrucks spielt der Inhalt des Gesprochenen mit nur etwa sieben Prozent die geringste Rolle. Sie können sich Ihre klügsten Sätze also getrost für etwas später aufsparen, ohne Nachteile zu produzieren. Mehr Aufmerksamkeit bekommt die Stimme und alles, was mit ihr zusammenhängt, wie mundartliche Färbungen, mit zirka 38 Prozent. Die Körpersprache (→ Seite 68ff) und die Kleidung schlagen mit zirka 55 Prozent zu Buche. Deshalb lohnt es sich, die Berufskleidung mit besonderer Sorgfalt auszuwählen.

Was Sie aber tun können, um Fehl- und Vorurteile zu verringern, ist dies: Holen Sie sich die unbewusst laufenden Phänomene „in den Kopf". Bedenken Sie, dass die fremde Person höchstwahrscheinlich mit dem Menschen, mit dem Ihre „innere Landkarte" sie abgleicht, absolut nichts Gemeinsames hat. Seien Sie deshalb bereit, den ersten Eindruck bei näherer Bekanntschaft auf seine Richtigkeit zu prüfen. Und kalkulieren Sie, bitte, ein: Sie werden von Ihrem Gegenüber mit dessen „Lebenslandkarte" genauso subjektiv verglichen! Da Sie nie ahnen können, was darauf alles gespeichert wurde, ist dies sehr wichtig: Schenken Sie den real zu beobachtenden Anteilen des ersten Eindrucks große Aufmerksamkeit. Vorausgesetzt, Sie wollen einen „guten" hinterlassen – was gerade im Berufsleben unerlässlich ist.

Kleidung und Image – wie unzertrennliche Zwillinge

Kleidung hat immer eine starke Signalwirkung. Im Beruf kommt dies dazu: Es bestehen tief verankerte Imagebilder, die das Outfit intuitiv mit fachlichen Qualifikationen und sogar menschlichen Qualitäten verbinden. So wird zum Beispiel klassische Garderobe – Anzug, Hemd, Krawatte für den Mann; Kostüm oder entsprechender nicht zu sportlicher Hosenanzug für die Frau – mit „kompetent, vertrauenswürdig, seriös" gleichgesetzt. Alle, die in Berufen tätig sind, in denen dieser „emotionale Vorschuss" von zentraler Bedeutung ist, sind also gut beraten, wenn sie sich so kleiden. Das ist zum Beispiel in Branchen wie dem Bankwesen, bei beratenden Berufen wie Steuer- und Versicherungsfachleuten und in Anwaltskanzleien der Fall. Würden dort Tätige in „flippiger" Kleidung der Kundschaft oder Mandantschaft gegenübertreten, bekämen sie sofort den Stempel „unprofessionell", „unseriös" oder gar „inkompetent" aufgedrückt. Ein umgekehrtes Beispiel: Übte eine Verkäuferin in einer Jugend-Szeneboutique ihren Job im biederen Kostüm aus, spräche ihr die junge Kundschaft die Kompetenz als Beraterin sicher ab. Und wenn Sie einen Heizungsmonteur bestellt haben, der einen Defekt beheben soll, verbinden Sie dessen fachliche Fähigkeiten eher mit einem Blaumann als mit der „Manager-Nadelstreifen-Uniform". Fazit: Kleidungs-Image wirkt in alle Richtungen und „die eine, immer richtige" Berufskleidung gibt es nicht.

TIPP

Richtig angezogen

Orientieren Sie sich bei der Auswahl Ihres Business-Outfits, bitte, als Erstes an der Erwartung Ihrer Kundschaft sowie an den Gepflogenheiten Ihrer Branche. Und: Gibt es in Ihrem Unternehmen „Kleidungsempfehlungen" oder freundlich ausgedrückte Wünsche zur Garderobenwahl, sind das genau genommen „Anweisungen". Auch, wenn die sich hinter „samtweichen" Formulierungen verstecken.

Von Dreitagebärten und Parfümwolken – Karrierekiller bei der Körperpflege und der Kleidung

Selbst ein vom Stil her perfekt zum Berufs-Image gewähltes Outfit verliert seine positive Wirkung, wenn das Drumherum nicht stimmt. Mangelnde Körperpflege nimmt dabei Platz eins der „Karrierekiller-Hitliste“ ein. Dabei geht es nicht nur um das, was Ihnen sicher wie den meisten Menschen als Erstes dazu einfällt: Mund- oder Körpergeruch (der natürlich unbedingt zu vermeiden ist). Auch eine ungepflegte Frisur – fettige Strähnen, sichtbare Ansätze bei gefärbtem Haar – und vernachlässigte Hände – „Trauerränder“ unter den Fingernägeln, absplitternder Lack – zählen zu den Tabus. Frauen, die unter Make-up „Clowns-Kriegsbemalung“ verstehen, schaden damit meist ihrem Image mehr, als sie ahnen. Und Männern sollte bewusst sein: Bärte sind, obwohl seit einiger Zeit im Trend, in vielen konservativen Berufen nach wie vor ungern gesehen, zum Beispiel in den Top-Management-Etagen. Absolut verpönt ist dort der „Dreitagebart“, der etwa in Künstlerszenen als „chic“ gelten kann. Weitere Karrierekiller sind:

- ➔ zu viel Duftwasser. Auch wenn Parfüm und Eau de Toilette genau genommen zu den positiven Düften zählen, stören sie – im Übermaß genommen – die Mitmenschen;
- ➔ schiefgetretene Absätze, ausgefranste Schnürsenkel oder schlecht beziehungsweise ungeputzte Schuhe;
- ➔ lose Säume, offene Nähte, sichtbares Futter an einem Kleidungsstück, hervor blitzende Unterwäsche, fehlende Knöpfe.

Bei konservativer Business-Kleidung schadet dem Image außerdem:

zu viel Schmuck, billige Plastik-Accessoires, sichtbare Piercings und Tätowierungen, Nappa-Lederkleidung sowie alles, was zur Freizeitkleidung gehört wie Jeans, T-Shirts, Radlerhosen, Leggins, Shorts, Sweatshirts, Jogginganzug, bauchfreie Outfits, Turnschuhe, Sandaletten, Flip-Flops und weitere Freizeitschuhe. Dazu kommen für Männer Krawatten oder Socken mit Gag-Motiven wie lila Elefanten oder bunte Micky-Mäuse, weiße Socken, Wollpullover, Pullunder oder Sweatshirt unter dem Jackett sowie für Frauen durchsichtige und wallende Gewänder (Schlabberlook), große Dekolletés, Oberteile mit Spaghetti-Trägern oder Sonnentops ohne Träger (Korsagen), sehr kurze Miniröcke, Rüschenteile, solche aus Silber- oder Goldlamé und anderen Glitzerstoffen.

Der auffälligste neue Hut – zwei Spielfelder

Das Mini-Quiz für Ihren persönlichen Schnell-Check zu den Themen Spielregeln, Spielfelder, Rolle und Sonder-Höflichkeitsrechte:

1	Umgangsformen-Regeln sind festgelegte Normen, die in jeder Situation immer nach dem gleichen Schema angewendet werden.	☐ richtig ☐ falsch
2	Einen Unterschied zwischen Spielregeln im Beruf und denen im Privatleben gibt es nicht.	☐ richtig ☐ falsch
3	Eines der wichtigsten sozialen Bedürfnisse des Menschen ist, von anderen Wertschätzung zu erfahren.	☐ richtig ☐ falsch
4	Die Erwartungen der Mitmenschen, die an das Verhalten einer Person gestellt werden, hängen unter anderem davon ab, welche Rolle sie gerade spielt.	☐ richtig ☐ falsch
5	Über das allen Menschen entgegengebrachte Maß an Wertschätzung hinaus, werden bestimmten Personen Sonder-Höflichkeitsrechte eingeräumt.	☐ richtig ☐ falsch
6	Veränderungen bei einigen überlieferter Umgangsformen-Regeln sind aufgrund der veränderten Stellung der Frau in der Gesellschaft entstanden.	☐ richtig ☐ falsch

Haben Sie etwas Zeit, die Antworten herauszufinden? Dann lesen Sie, bitte, das folgende Kapitel. Möchten Sie das Ergebnis lieber auf einen Blick? Dann schauen Sie einfach auf Seite 104 nach.

Spielregeln im Beruf – ein Kinderspiel?

Ja – allerdings nur unter diesen Bedingungen: Der Begriff „Regel“ wird zutreffend definiert. Die Grundeinstellung zu den Mitmenschen wird höher eingestuft als das „Regelwerk“. Die verschiedenen „Spielfelder“, „Spielanlässe“. „Mitspielenden“ und „Rollenspiele“ (→ Seite 21) werden richtig erkannt. Viele Menschen stellen sich unter Umgangsformen-Regeln einen festgeschriebenen Katalog vor. Möglichst kurz natürlich, damit er schnell auswendig gelernt werden kann und am besten zum Abrufen per App! Doch eine solche Einstellung ist kontraproduktiv. Das hat mehrere Gründe. Erstens kann „Regel“ im Zusammenhang mit Umgangsformen nicht als starre Norm verstanden werden, die stets und überall richtig ist. Uneingeschränkte Gültigkeit haben nur die Grund-Maximen wie immer an Grenzwahrung zu denken, „ungeschriebene Gesetze“ zu beachten, immer rücksichtsvoll und hilfsbereit zu sein, „bitte“ und „danke“ zu sagen und Ähnliches. Für die Details lässt sich „übliche Umgangsformen-Regel“ am besten so definieren: Sie ist die Form, die sich unter Menschen innerhalb eines Kulturkreises als die beliebteste herausgestellt hat oder die innerhalb einer Gruppe – etwa im Team – abgesprochen wurde. Zweitens: Ein auswendig gelernter, ohne Herz und Verstand angewendeter Normen-Katalog würde die Kommunikation mehr stören als fördern. Jegliche Menschlichkeit und spontane Herzlichkeit wären damit ausgeschlossen. Drittens: Würde ein Regelwerk ohne eine positive, innere Grundeinstellung zu den Mitmenschen praktiziert, fehlte die essenzielle Basis für den angenehmen Umgang miteinander. Das Praktizieren der kleinen Detail-Leitlinien kann erst dann seine positive Wirkung voll entfalten, wenn es auf einer inneren Haltung basiert, die Immanuel Kant in diesen Ausspruch fasste:

„Ein jeder Mensch hat rechtmäßigen Anspruch auf Achtung von seinen Mitmenschen, und wechselseitig ist er dazu auch gegen jeden anderen verbunden.“

Immanuel Kant, deutscher Philosoph

Oft wird der Begriff Achtung mit Respekt gleichgesetzt – ein durchaus „respektables“ Synonymwort. Es hat nur einen Haken: Häufig taucht es im Zusammenhang mit Status oder Rang auf – etwa in Verbindung mit „Respektsperson = Obrigkeit“. Und genau das würde der Grundidee guter Umgangsformen mehr schaden als nutzen. Deshalb ist es besser, von dem „Anspruch auf Wertschätzung“ zu reden, den jeder Mensch hat, zumal es von der Verhaltenswissenschaft belegt werden kann: Eines der wichtigsten sozialen Bedürfnisse des Menschen ist, von anderen Wertschätzung zu erfahren. Diesen Wunsch können Sie Ihren Mitmenschen mit kleinen Höflichkeitsbeweisen sehr einfach und – was das Schönste ist – völlig kostenlos (!) täglich zig Mal erfüllen. Viertens ist es ein Hauptkriterium moderner Umgangsformen, dass sie variabel gehandhabt werden. Die jeweils angebrachte Spielregel lässt sich am besten nach dem folgenden Modell finden.

Das Vier-Säulen-Modell moderner Spielregeln

So finden Sie die jeweils angebrachte Form:

1. DIE SITUATIONS-SÄULE: Auf welchem Spielfeld stehe ich?
   - berufliches Umfeld, Arbeitsplatz (vorrangiges Kriterium: Hierarchie)
   - privater Bereich (vorrangiges Kriterium: Alter)
2. DIE EREIGNIS-SÄULE: In welchem Spiel bin ich?
   - offizielle Veranstaltung (Firmenjubiläum, Geschäftseröffnung, Festakt, Geschäftsessen, Empfang, Ball, größere Familienfeste und Ähnliches)
   - inoffizielles Geschehen (Feierabend-Umtrunk im Teamkreis, Freizeitveranstaltungen, Volksfest, Biergarten und Ähnliches)
3. DIE PERSONEN-SÄULE: Mit wem spiele ich?
   - beruflich Gleichgestellte, Vorgesetzte, Mitarbeitende
   - Kundschaft
   - wesentlich jüngere, ältere oder etwa gleichaltrige Personen
   - Fremde, Bekannte, Freundschafts- oder Familienkreis
4. DIE UMFELD-SÄULE: Welche Rolle spiele ich gerade?
   - Als Frau (Chefin, Kollegin, Gastgeberin, Gast, Ehefrau, Mutter, Tochter, Schwester, Freundin und mehr)
   - Als Mann (Chef, Kollege, Gastgeber, Gast, Ehemann, Vater, Sohn, Bruder, Freund und mehr)
   - Als Mensch, der sich weder als Frau noch als Mann fühlt sowie als Mitglied einer Gemeinschaft (vorgesetzte oder beruflich gleichgestellte, einladende oder eingeladene Person, Familien- und Bekanntschaftskreis, Team, Belegschaft, Betriebsrat, Sportmannschaft, Verein, Club, leitendes Gremium, Ausschuss, Religionsgemeinschaft und mehr).

Der Vorteil des Vier-Säulen-Modells

Unterschiede bei den Spielregeln werden von den meisten Menschen – je nach Situation – ganz intuitiv praktiziert. So ist klar, dass Sie sich beispielsweise im Umgang mit Fremden oder der Kundschaft anders verhalten, als wenn Sie mit Ihrer besten Freundin zusammen sind. Es ist trotzdem hilfreich, sich die Unterschiede bewusst zu machen, statt sich ausschließlich „aus dem Bauch heraus“ für eine Form zu entscheiden. Zum Beispiel mit Blick auf das Alter und offizielle oder informelle Veranstaltungen. Besonders die Frage: „Welche Rolle spiele ich momentan?“, wird häufig gar nicht gestellt. Gemeint ist hier natürlich nicht, dass Sie Theater spielen sollten. Es geht um die soziale Rolle, die jeder Mensch – meist täglich mehrmals wechselnd – spielt. Sie umfasst die Summe aller Verhaltensweisen, die andere Menschen von Ihnen in einer bestimmten Position erwarten. Dieser – größtenteils unbewusste – Anspruch bezieht sich auf das, was ein Individuum zu tun hat (Aufgaben und Pflichten), was es nicht tun darf (Verbote und Tabus) sowie, was es tun kann (Rechte und Privilegien) – alles vorrangig aus der Sicht des Umfelds. Die Anforderungen an ein bestimmtes Rollenverhalten können je nach Lebensbereich sehr unterschiedlich sein, teils sogar gegenläufig. Deshalb ist es klug, sich auch mit Blick auf diesen Punkt des Vier-Säulen-Modells für oder gegen eine bestimmte Verhaltensweise zu entscheiden.

Warum es heute zwei Spielfelder gibt

Und nun zur neuesten Säule dieses Modells: den zwei Spielfeldern. Sie sind entstanden, weil die überlieferten Formen aus einer Zeit stammten, in der Frauen erstens nicht berufstätig waren. Zweitens hatten sie nicht einmal einen eigenen Status, sondern bekamen ihn durch Heirat – und zwar den des Mannes. Beispiel: Hatte er promoviert, wurde sie – etwa beim Bäcker – mit „Frau Doktor“ angesprochen (inzwischen natürlich ein entsorgter alter Zopf!). Durch die veränderte Stellung der Frau in der Gesellschaft, besonders durch die wachsende Präsenz im Berufsleben, mehrten sich Situationen, in denen althergebrachte Regeln unzweckmäßig wurden. Ein Exempel hierzu ist die alte Kavaliersdevise: Betritt eine Dame den Raum, haben alle Herren aufzustehen. Wäre diese Konvention noch uneingeschränkt gültig, hätte beispielsweise ein Chef jedes Mal aufzustehen, wenn seine Assistentin in sein Büro kommt. Diese und ähnliche gesellschaftlichen Übereinkünfte würden das Arbeitsleben eher verkomplizieren statt nützlich zu sein. Deshalb haben sich neue Spielregeln sowohl für das gleichberechtigte Miteinanderarbeiten von Frauen und Männern als auch für den Umgang aller Geschlechter miteinander ganz allgemein herausgebildet.

Über das allen Menschen gewährte Maß an Wertschätzung hinaus werden im Beruf bestimmte Höflichkeits-Privilegien innerbetrieblich mit Blick auf die Hierarchie zuerkannt. Nur bei beruflicher Ranggleichheit finden die privaten Spielregeln Anwendung.

Häufig tauchen noch die Ausdrücke „Höhergestellte“ und „Niedrigergestellte“ auf. Sicher: Ganz ohne Rangordnung geht es im Beruf nicht – Bestrebungen zu „flachen Hierarchien“ hin oder her. Dennoch sind diese Begriffe wenig förderlich für partnerschaftliches Arbeiten im Team. Deshalb werden im folgenden Text die „Höhergestellten“ als diejenigen bezeichnet, die eine „Trumpfkarte“ im „Umgangsspiel des Berufslebens“ haben.

GUT ZU WISSEN

Trumpfkarten-Personen und einige ihrer Sonder-Höflichkeitsrechte

BEIM GRUSS:
Trumpfkarten-Personen werden zuerst gegrüßt.

Auf dem beruflichen Spielfeld haben die Gruß-Trumpfkarten:
- → die Kundschaft
- → Vorgesetzte (nur bei hierarchischer Gleichstellung wird die private Trumpfkarten-Verteilung auf das berufliche Spielfeld übertragen).

Auf beiden Spielfeldern haben die Gruß-Trumpfkarten:
- → eine Gruppe, wenn jemand hinzukommt
- → Anwesende in einem Raum, wenn jemand eintritt.

Auf dem privaten Spielfeld haben die Gruß-Trumpfkarten:
- → deutlich ältere Menschen (Generationsunterschiede)

BEIM BEGRÜSSEN:
Trumpfkarten-Personen entscheiden, ob sie eine Begrüßung wünschen und signalisieren das beispielsweise durch das Reichen der Hand.

Auf dem beruflichen Spielfeld haben die Begrüßungs-Trumpfkarte:
- → Innerbetrieblich Vorgesetzte (bei hierarchischer Gleichstellung → Gruß)
- → die Kundschaft, sofern eine Rolle als gastgebende Person (→ beide Spielfelder) dies nicht aufhebt.

Auf beiden Spielfeldern hat die Begrüßungs-Trumpfkarte:
- → eine gastgebende Person.

Auf dem privaten Spielfeld → Gruß

BEIM BEKANNTMACHEN DURCH DRITTE: Trumpfkarten-Personen bekommen zuerst gesagt, wer der (noch) fremde Mensch ist. Trumpfkarten-Verteilung → Gruß (ausgenommen der Punkt „Anwesende in einem Raum“, weil dieser nur beim Gruß relevant ist) sowie zusätzlich gastgebende Personen.

Die ersten Schritte – Bühne frei für neue Geschäftskontakte

2

Einen gelungenen ersten Eindruck können Sie vertiefen, wenn Sie bei der Begrüßung, Vorstellung beziehungsweise beim Bekanntmachen und bei Anreden sattelfest sind. Zusätzliche Pluspunkte sammeln Sie mit kleinen Details etwa mit dem formvollendeten Austausch von Visitenkarten. Wie Sie anderen Menschen Ihre Wertschätzung zeigen und so dazu beitragen, den Umgang miteinander angenehm zu gestalten, lesen Sie in diesem Kapitel.

Gekonnt in Szene gesetzt – das Kennenlernen

Das Mini-Quiz für Ihren persönlichen Schnell-Check zu den Themen Grüßen, Begrüßen, Vorstellen, Bekanntmachen, Visitenkarten und Anreden:

1 Wenn Vorgesetzte in einen Raum kommen, in dem schon Mitarbeitende sind, gilt die Höflichkeitsregel: Die bereits Anwesenden grüßen natürlich die Eintretenden, weil es sich um Vorgesetzte handelt.

☐ richtig
☐ falsch

---

2 Frauen werden nach alter Tradition und Sitte grundsätzlich als Erste begrüßt.

☐ richtig
☐ falsch

---

3 „Ich heiße Herr Holzkamp“ ist eine moderne und empfehlenswerte Form der Selbstvorstellung.

☐ richtig
☐ falsch

---

4 Akademische Grade, Adelsprädikate und andere Titel werden beim Bekanntmachen durch Dritte mitgenannt, nicht jedoch bei einer Selbstvorstellung.

☐ richtig
☐ falsch

---

5 Es hinterlässt einen unprofessionellen Eindruck, wenn berufliche Visitenkarten handschriftlich verbessert überreicht werden.

☐ richtig
☐ falsch

Haben Sie etwas Zeit, die Antworten herauszufinden? Dann lesen Sie, bitte, das folgende Kapitel. Möchten Sie das Ergebnis lieber auf einen Blick? Dann schauen Sie einfach auf Seite 104 nach.

Aus dem Handgelenk geschüttelt – Begrüßung und Gruß

Damit das „Trumpfkarten-System“ (→ Seite 23) verständlich wird, ist diese Erkenntnis notwendig: Grüßen und Begrüßen ist zweierlei! Unter „grüßen“ fallen alle berührungslosen Kontaktaufnahmen wie ein Kopfnicken, ein „Hallo“ oder „Guten Tag“ im Vorbeigehen, Blickkontakt oder Winken. Die Begrüßung ist immer mit einem Anfassen verbunden, wie beim Handschlag, bei Umarmungen oder beim Handkuss. Die Privilegien, die „Trumpfkarten-Personen“ dabei zugestanden werden, unterscheiden sich so: Sie haben das Recht, als Erste gegrüßt zu werden, und die Entscheidungsfreiheit, ob sie eine Berührung wünschen. Ein konkretes Beispiel: Ein Mitarbeiter verhält sich seiner Chefin gegenüber perfekt, wenn er sie – etwa bei einer Begegnung auf dem Flur – als Erster grüßt, es sich jedoch verkneift, mit ausgestreckter Hand auf sie loszustürmen. Wenn sie einen „Griff“ überhaupt möchte, ist es an ihr, dies durch das Reichen der Hand zu signalisieren.

TIPP

Flexibilität ist Trumpf!

Sehr förderlich für ein angenehmes Betriebsklima ist es, beim Grüßen nicht stur auf der „Trumpfkarten-Position“ zu bestehen – Höflichkeitsrecht hin oder her. Es fällt Vorgesetzten kein Zacken aus der Krone – eher bekommen sie von Mitarbeitenden einen dazu! –, wenn sie nach dem Motto verfahren: Wer eine andere Person als Erstes sieht, grüßt einfach auch zuerst. Und da Anwesende in einem Raum auf jedem Spielfeld, somit auch im Beruf, das Recht auf den Gruß seitens der Eintretenden haben, bedeutet das im Klartext: Höfliche Vorgesetzte grüßen auch „Untergebene“, wenn diese sich in einem Zimmer befinden, in das sie hineingehen.

Die Begrüßungsreihenfolge richtet sich ebenfalls nach dem Trumpfkarten-System, solange es sich dabei um wenige Personen handelt. Ein Beispiel: Sie empfangen in Ihrem Büro einen Geschäftspartner und seine Mitarbeiterin. Da Sie in dieser Situation in der Gastgebenden-Rolle sind, reichen Sie die Hand. Das ist wie ein Signal für Kommende: Ich „ziehe“ Sie mit diesem Handschlag auf mein Terrain, heiße Sie in meinem Raum willkommen. Da der „Boss“ eindeutig die Trumpfkarte hat, ist es nach modernen Gepflogenheiten also richtig, wenn Sie zuerst ihn und dann seine Mitarbeiterin begrüßen.

Bei großen Gruppen, etwa ab sieben Personen, ist ein „Sortieren“ der Begrüßungsreihenfolge heutzutage nur noch eingeschränkt nötig. Empfangen Sie etwa eine größere berufliche Delegation, gebührt der höchstrangigen Person wie eh und je der Vorrang (vorausgesetzt, Sie kennen die hierarchischen Details). Und sicher ist es auch klug, wenn Sie zum Beispiel die Chefin in einer Runde von Mitarbeitenden bevorzugen. Danach wird dann einfach der Reihe nach begrüßt. Oft stellt sich die Frage: „Ist denn bei einer großen Runde diese Händeschüttelei überhaupt nötig?“ Nein, in vielen Fällen ist sie überflüssig. Oft ist ein Gruß, der an alle gerichtet wird, praktischer sowie zeitsparender – und unter modernen Gesichtspunkten allemal liebenswürdig genug. Besonders innerhalb einer Arbeitsgruppe gilt ein freundlicher Gruß als tägliches Ritual inzwischen weitgehend als ebenso höflich wie ein Händedruck.

Nur: Es empfiehlt sich, dieses Thema anzusprechen, damit Missverständnisse vermieden werden. Der Grund: Die Empfindungen zur Wichtigkeit des Handschlags sind sowohl regional als auch altersbedingt recht unterschiedlich. So können einige es als „nervig“ empfinden, wenn Vorgesetzte jeden Morgen jedes Teammitglied per Handschlag begrüßen. Andere fühlen sich brüskiert, wenn diese Geste ausbleibt. Ähnliches gilt für Konferenzen und Meetings. Für das tägliche Miteinander ist es das Beste, Sie thematisieren Grußrituale innerhalb einer Arbeitsgruppe und sprechen Spielregeln dazu gemeinsam ab. Für externe Gäste gilt: Bei sporadischen Begegnungen sowie bei Erstkontakten ist die Begrüßung mit „shake-hands“ in Deutschland Usus – wobei das oft gebrauchte Wort „Schütteln“ völlig irreführend ist. Der „Dauerschüttler“ ist als Handschlag ebenso unbeliebt wie der „Knochenbrecher“ und der „Schlaffhand-Schlappi“. Achten Sie deshalb auf den angemessenen Druck und eine nicht zu lange Dauer.

Alle weiteren Begrüßungsformen – zum Beispiel „Abklatschen“, Umarmungen, Bussi-Bussi-Manier, Handkuss – sind im Berufsleben fast durchgängig unpassend. Vor den Augen anderer Menschen sind freundschaftliche „Begrüßungs-Knuddeleien“ selbst dann tabu, wenn die Beziehung zweier Teammitglieder sie gestattet, ohne die „ungeschriebenen Distanzgesetze“ (→ Seite 11f) zu verletzen. In Deutschland – anders zum Beispiel in Österreich und Ungarn – ist ein Handkuss im Geschäftsleben deplatziert. Die Kavaliere, die diesen „ungeküssten Kuss“ beherrschen, sparen sich ihn hierzulande besser für gesellschaftliche Anlässe auf.

„Veredeln“ können Sie eine Begrüßung per Handschlag mit diesen Details: Stehen Sie, bitte, für Kommende auf (→ Seite 15), beachten Sie die angemessene Distanz (→ Seite 11) und begleiten Sie den Händedruck mit Blickkontakt sowie einem Lächeln. Schließen Sie beim Aufstehen am besten Ihr Jackett bezie-

TIPP

Feuchte Hände

Ebenfalls äußerst unangenehm: Handschlag mit „Schwitzehändchen“. Wer dieses Problem hat, kann langfristig Hilfe in der Apotheke finden. Kurzfristig rettet Händewaschen sehr zeitnah vor der Begegnung oder ein (Papier-) Taschentuch außer Sichtweite anderer die Situation. Letzter Tipp für den absoluten Notfall: Die rechte Handinnenfläche vor dem Handreichen unauffällig über die eigene Kleidung streifen lassen, etwa beim Hochziehen des Armes entlang der äußeren Hosen- oder Rocknaht.

hungsweise Ihre (Kostüm-/Hosenanzug-)Jacke. Dies ist ein weiteres nonverbales Signal der Wertschätzung, mit dem Sie Kommenden gegenüber ausdrücken: Sie sind es mir auch wert, dass ich für Sie auf korrekte Kleidung achte. Ein ebenso positives Zeichen ist es, wenn bei einer Begrüßung die linke Hand nicht in irgendeiner Tasche (Jacke, Hose) versenkt bleibt. Das gilt für alle Geschlechter und auch beim Grüßen, Bekanntmachen und Vorstellen, sowie bei der Verabschiedung mit Handschlag.

„Ich bin die Moni und arbeite hier“ – eine vorstellbare Vorstellung?

Nun, denkbar ist sie schon – doch aus zwei Gründen nur eingeschränkt empfehlenswert. Erstens sollte Moni sich hierüber klar sein: Wenn sie sich nur mit dem Vornamen vorstellt, hat sie ihrem Gegenüber automatisch die Duz-Erlaubnis erteilt. Also fällt diese Formulierung im Berufsleben schon weitgehend aus. Und selbst dort, wo sie auf Grund von Anrede-Gepflogenheiten – etwa bei einer von der Firmenleitung angeordneten, allgemeinen Duzerei oder zwischen Azubis – tragbar ist, bleibt zweitens das „die“ als wenig elegantes Deutsch angreifbar. Will Moni also anderen mit ihrer Selbstvorstellung das Du anbieten, sollte sie die Formulierung „Ich bin Moni“ bevorzugen. Denn der Anfang: „Ich bin …“ ist die zurzeit aus psychologischer Sicht beste Form der Selbstvorstellung. Er wird unter Erwachsenen und besonders im Berufsleben allerdings mit Vor- und Zunamen ergänzt. Die folgende Formulierungs-Auswahl hilft Ihnen, die für Sie optimale Form der Selbstvorstellung zu finden.

- ➔ BESONDERS EMPFEHLENSWERT, WEIL DIE SELBSTBEWUSSTESTE FORM:
  „Ich bin Eike Schmidt“. „Ich bin Maxi Fehr.“
- ➔ EBENFALLS HÖFLICH, ALLERDINGS GERINGERE PRÄSENZ:
  „Ich heiße Geza Kranzler.“ „Mein Name ist Finn Reichert.“
- ➔ NICHT UNHÖFLICH, JEDOCH ATLTMODISCH WEGEN DES FEHLENDEN VORNAMENS:
  „Mein Name ist Müller.“ „Ich heiße Meier.“
- ➔ SEHR KNAPP, KAUM EMPFEHLUNGSWÜRDIG:
  „Muster.“ Diese Form, lediglich den Nachnamen zu nennen, kann als brüskierend empfunden werden und ist außerdem wegen rein praktischer Verständnisprobleme (→ „Telefon“, Seite 73) nicht ratsam. Sie sollte deshalb nur in Ausnahmefällen gewählt werden. Etwa dann, wenn es notwendig wird, sehr schnell hintereinander mehrmals den Namen zu nennen.

TIPP

Vorsicht: Fettnäpfchen bei der Selbstvorstellung

→ „Ich bin Frau Professorin Dr. Unclever."
→ „Mein Name ist Gräfin Oben von Untenhausen."
→ „Ich heiße Herr Holzklotz."
→ „Bond, James Bond."

Die „007-Markenzeichen-Manier" weckt nicht nur bei Filmfans Assoziationen, die sich nachteilig auf ein Berufs-Image auswirken können. Deshalb ist es gut, auf sie zu verzichten. Im Gegensatz zum Bekanntmachen durch Dritte (→ Seite 30) werden Titel wie akademische Grade und Adelsprädikate aus „Bescheidenheits-Gründen" bei der Selbstvorstellung verschwiegen. Der Zusatz „Herr" galt schon immer als stillos. Daran hat sich bis heute nichts geändert. Frauen wurde hingegen früher zugestanden, ihren „gehobenen Status" – verheiratete waren höhergestellt als ledige „Fräuleins"! – durch den Zusatz „Frau" zu verdeutlichen. Heute gilt er als völlig verstaubt. Wenn Sie als Frau also ein modernes Persönlichkeitsbild wünschen – was gerade im Berufsleben wichtig ist – lassen Sie diese Beigabe zum Namen, bitte, weg.

Andere Zusätze sind im Job empfehlenswert, oft sogar unerlässlich: berufliche Positionen oder Beschreibungen des Aufgabengebiets. Beispiele: „Ich bin Klaus Hansen, der Assistent von Frau Dr. Willius." „Ich bin Katrin Kramer und vertrete heute meinen Kollegen Christian Schneider, mit dem Sie eigentlich den Termin vereinbart hatten. Er ist jedoch leider krank. Deshalb werde ich Ihnen gern das Projekt erläutern."

„Und das ist unsere Chefin!" – wenn Dritte im Bunde sind

Die Frage: „Wer wird wem vorgestellt?", taucht oft auf und wird gleich beantwortet. Doch zuvor ein Hinweis: Der Begriff „vorstellen" impliziert einen hierarchischen Unterschied. Er ist somit im Berufsleben in bestimmten Konstellationen nicht falsch. Etwa, wenn ein neues Teammitglied einer Chefin „vorgestellt" wird. Trotzdem empfiehlt es sich häufig, den modernen Ausdruck „bekannt machen" zu wählen. Dadurch wird ein „Ranking" gemindert, etwa zwischen Geschäftspartnerinnen.

TIPP

Anders formulieren

Völlig neutral und deshalb in vielen Fällen die beste Lösung, sind Formulierungen, die sowohl ohne „vorstellen" als auch ohne „bekannt machen" auskommen. Beispiel: „Ich freue mich, dass Sie sich heute bei dieser Veranstaltung (diesem Meeting) (endlich) kennen lernen."

Bei der Entscheidung zur richtigen Reihenfolge hilft das „Trumpfkarten-System" (→ Seite 23). Der Sonderbonus, den „Trumpfkarten-Personen" zugestanden bekommen, besteht hierin: Sie erhalten nach dem Motto „Wissen ist Macht" einen Informationsvorsprung, indem ihnen zuerst der Name des Gegenübers mitgeteilt wird. Dazu ist Folgendes wichtig: Die Trumpfkarten „wandern", wenn das Spielfeld gewechselt wird. Ein Beispiel: Frau Bartels will bei einer privaten Feier eine Freundin, 62 Jahre alt, mit einem ihrer Kollegen, 30 Jahre alt, bekannt machen. Sie überlegt, wer die Trumpfkarte hat und kommt zu dem – richtigen – Schluss: Ihre Freundin hat als deutlich Ältere auf dem privaten Spielfeld diese Sonderbonus-Karte. Also sagt sie, nachdem sie ihre Freundin begrüßt und zu ihrem Kollegen geführt hat: „Dies ist mein Kollege, Herr Jürgen Reger. Herr Reger, das ist eine gute Freundin von mir, Frau Dr. Irene Hansen."

Kurze Zeit später soll sie in der Firma eine neue Mitarbeiterin, 58 Jahre alt, ihrem Chef, 26 Jahre alt, vorstellen. Nach kurzem Nachdenken über die Trumpfkarten-Verteilung erkennt sie – wieder richtig: Im Beruf hat eindeutig der „Boss" die Trumpfkarte, selbst bei einem solchen Altersunterschied. Somit bringt sie „die Neue" zu ihm und sagt: „Guten Morgen Herr Arnold. Dies ist unsere neue Mitarbeiterin, Frau Elvira Schuster. Frau Schuster, unser Chef, Herr Jürgen Arnold." Stutzen Sie vielleicht gerade und denken: „Da hat sich doch wohl ein Fehler eingeschlichen?" Das geht vielen Menschen so – wegen des Anfangs: „Guten Morgen, Herr Arnold" –, weil sie meinen: „Aber damit ist doch zuerst sein Name genannt. Ich denke, im Beruf soll er doch erst den Namen der neuen Mitarbeiterin mitgeteilt bekommen." Sehr richtig. Und den nennt ihm Frau Bartels ja auch sofort. Doch da sie ihren Chef an diesem Tag noch nicht gesehen hat, schickt sie freundlicherweise einen Gruß voraus. Und der hat mit dem eigentlichen Vorstellungsvorgang nichts zu tun. Dieser beginnt erst danach ganz berufsmäßig mit der Namensnennung von Elvira Schuster.

TIPP

Der Königsweg

Moderne Kundschafts-Pflege bedeutet, dass Vorgesetzte auf ihre Trumpfkarte zugunsten der im Berufsleben meist als „königlich" Eingestuften verzichten. Sie lassen sich also nicht der Kundschaft vorstellen, sondern legen Wert auf die umgekehrte Reihenfolge. Um Unsicherheiten im Team zu vermeiden, sind klare Absprachen dazu empfehlenswert.

Überlieferte Einleitungsfloskeln beim Bekanntmachen wie: „Gestatten Sie, dass ...?", oder „Erlauben Sie, dass ich Ihnen ... vorstelle?", sind nicht mehr up to date. Außerdem zählen sie zu den „Königinnen" der rhetorischen Fragen. Oder haben Sie es jemals gehört, dass darauf ein Mensch „nein" gesagt hätte?! Erwiderungen wie „Angenehm" oder „Habe die Ehre" wirken in beiden Fällen ebenfalls sehr verstaubt. Sie sollten als „alte Zöpfe" entsorgt und durch modernere Formulierungen ersetzt werden. Ein Tagesgruß in Verbindung mit dem Namen ist höflich genug, wenn Sie nicht einen Satz wie: „Ich freue mich, Sie (endlich) kennen zu lernen“ oder: „Wie schön, dass wir uns heute auch persönlich kennen lernen“ wählen möchten.

Kartenspiele im Beruf – mit der Visitenkarte einen Stich bekommen

„Oh, gerade merke ich, dass ich gar keine Visitenkarte dabeihabe.“
„Tut mir leid, ich habe eben meine letzte Karte Ihrer Mitarbeiterin gegeben.“
„Sorry, aber auf einen Visitenkarten-Tausch war ich gar nicht eingestellt.“

Solche Aussagen untergraben ein professionelles Berufs-Image ganz gewaltig. Decken Sie sich deshalb, bitte, immer reichlich mit Visitenkarten ein. Diese sind außerdem so etwas wie Ihr „erster schriftlicher Eindruck“ im Geschäftsleben. Deshalb ist es wichtig, auf Qualität und Gestaltung viel Wert zu legen. Wobei Sie unter Umständen damit zu rechnen haben, darauf nicht allzu viel Einfluss nehmen zu können. In größeren Unternehmen werden Visitenkarten in der Regel einheitlich mit Blick auf das Corporate Design gestaltet – was auch sehr empfehlenswert ist. Wenn Sie selbst für den Druck Ihrer Visitenkarten zuständig sind oder in Ihrer Firma ein Mitspracherecht haben, hier einige Hinweise zur optimalen Gestaltung.

1. Wählen Sie Form, Material und Design passend zu Ihrem Berufsimage: klassisch, vornehm-gediegen, poppig-bunt, aus Holz, Metall, Plastik statt Papier. Die Faustregel: In konservativen Berufen sind klassisch gedruckte Karten auf hochwertigem Papier angebrachter als modische Spielereien, zu denen etwa andere Materialien zählen.
2. Prüfen Sie kritisch, ob die Qualität von am PC erstellten Karten gut genug ist. Oft ist dies – wie bei solchen aus Automaten – nicht der Fall, weil sie unprofessionell und billig wirken.
3. Achten Sie, bitte, darauf, dass die Schrift gut leserlich ist, sowohl was die Art als auch was die Größe angeht (mindestens acht Punkt). Verschnörkelte Schriften eignen sich für Berufskarten nur in den seltensten Fällen. Passend zum Image wären sie zum Beispiel für einen Antiquitätenhandel.
4. Überlegen Sie, wie viele Informationen Sie unterbringen wollen. Ist das auf dem gebräuchlichsten Format – Scheckkartengröße – nicht möglich, entscheiden Sie sich am besten für doppelseitig bedruckte Visitenkarten (auch für zweisprachige praktisch) oder Klappkarten.
5. Leporello-Karten bieten noch mehr Platz, sind allerdings für ein konservatives Image ungeeignet. Sie bieten sich in eher unkonventionellen

Branchen an, in denen sie oft gleichzeitig als Werbeträger genutzt und mit Fotos des Unternehmens ausgestattet werden.

6. Gleiches gilt für CD-Visitenkarten. Auch diese moderne Variante erfüllt vorrangig eine Werbefunktion.

7. Folgende Grundinformationen sind bei der Berufs-Visitenkarte Standard: Vor- und Zuname, gegebenenfalls Titel, Funktion, wenn nötig Abteilung, Geschäftsadresse mit Telefon-, (Mobil-) und Faxnummer, E-Mail und (falls vorhanden) Internetadresse.

Falls Sie überlegen, ob Sie auch private Angaben auf Ihre berufliche Visitenkarte setzen sollten, bedenken Sie, bitte, dies: Bei seitens der Firma vorgegebenen Layouts brauchen Sie deren Einverständnis. Und: Wollen Sie wirklich privat mit beruflichen Dingen konfrontiert werden? Wenn Ihnen das recht ist – nur zu. Es ist durchaus Usus, solche „Mischkarten“ zu verteilen. Apropos verteilen: Die „ungeschriebenen Gesetze“ des Visitenkarten-Austausches besagen: Die kommende Person überreicht bei Geschäftsbesuchen als Erste ihre Karte. Sie mit elegantem Schwung über den Tisch zu katapultieren ist allerdings nicht „die feine englische Art“, ebenso wenig, eine entgegengenommene achtlos wegzustecken. Nehmen Sie bei der Übergabe am besten Blickkontakt auf und studieren Sie eine Ihnen ausgehändigte Karte aufmerksam. Das signalisiert Ihrem Gegenüber erstens Aufmerksamkeit für seine Person. Zweitens hat es diesen Vorteil: Sie sehen eventuell bei einer Selbstvorstellung verschwiegene Titel (→ Seite 29) wie akademische Grade. So sind Sie in der Lage, direkt die richtige Anrede zu wählen. Es ist übrigens durchaus üblich, Visitenkarten während der Geschäftsbesprechung offen neben oder auf den eigenen Unterlagen liegen zu lassen. So können schwierige Namen immer mal wieder schnell nachgelesen oder mehrere besser gemerkt werden. (Besonders alle mit schlechtem Namensgedächtnis „Gesegnete“ wissen das zu schätzen.)

GEWUSST WIE

Nur tipptopp überreichen

Sie zeigen sich höflich, wenn Sie beim Empfang, an der Information oder wo immer bei einem Geschäftstreffen Ihre erste Anlaufstelle ist, Ihre Visitenkarte abgeben. Das erleichtert nämlich den dort Tätigen, Sie anzumelden oder Ihnen einen Tagesausweis auszustellen (besonders wichtig bei schwierigen Namen). Achten Sie, bitte, unbedingt darauf, dass Ihre Karten immer tipptopp sind: nicht verknickt, ohne Eselsohren, Fettflecken oder Notizen auf der Rückseite! Und: Verwende Sie lieber keine handschriftlich verbesserten Karten. Im Gegensatz zum Privatleben, wo per Hand geschriebene Zusätze nicht verpönt sind, wirken sie im Beruf unprofessionell und schlecht organisiert.

Brillieren durch titulieren mit Manieren – Anreden und ihre Tücken

Dass es nicht zum guten Ton gehört, wenn beispielsweise ein Chef einen Mitarbeiter mit: „Meyer, kommen Sie sofort mal her“ zu sich zitiert, ist weitgehend bekannt. Ebenso weit verbreitet ist die These: Die liebste Vokabel eines Menschen ist sein Name, an der sicher viel Wahres ist. Seit Jahrzehnten werden wir zunehmend „nummeriert“: Mitgliedsnummer, Kundennummer, Servicenummer und X Nummern mehr. Und wann immer ein Mensch eine Information haben möchte, etwa telefonisch bei einer Zentrale, bekommt er zu hören: „Nein, nein, nicht Ihren Namen, Ihre (wie auch immer) Nummer brauche ich.“ Wie negativ sich dies auf die gute Kommunikation auswirkt, hat sich inzwischen herumgesprochen. Deshalb halten viele Unternehmen ihre Mitarbeitenden verstärkt dazu an, die Kundschaft so oft wie möglich mit dem Namen anzusprechen.

Dies ist als Grundidee sicher gut. Was daraus teilweise erwächst, ist es nicht. Wird nach jedem zweiten Satz krampfhaft ein „Frau Bartels“ oder „Herr Heidenreich“ eingeflickt, wirkt das heuchlerisch oder antrainiert und völlig übertrieben. Ebenso wie die in letzter Zeit wie „andressiert“ wirkende Kundschafts-Pflege, nach einem Kauf, der mit Karte bezahlt wurde, den dadurch erkennbar gewordenen Namen zu verwenden. Wird er für alle weiteren Umstehenden hörbar, fühlen sich viele dadurch mehr in ihrer Privatsphäre verletzt als „gebauchpinselt“. Deshalb gilt: Ansprache mit Namen ja – aber erstens nicht zu übertrieben oft, zweitens nicht zu laut, wenn Fremde dabei sind und drittens, bitte, immer mit Blickkontakt, am besten verbunden mit einem Lächeln. Nur so wirkt die Namensnennung nicht wie ein seelenloses leeres Getue, sondern wie das aufrichtige Bemühen um den guten Umgang mit der Kundschaft. Übrigens – kleiner Abstecher: Auch „gute Wünsche“, wie „Schönen Tag/Abend noch“, „Ein schönes Wochenende“, die ohne Blickkontakt desinteressiert heruntergeleiert werden, retten die „Service-Wüste-Deutschland“ nicht!

Doppelnamen verwenden

Verkürzen Sie, bitte, nicht einfach von sich aus Doppelnamen. Wer einen führt, hat dafür persönliche Gründe und möchte in der Regel beide Teile hören. Bleiben Sie deshalb bei der „Langversion“, sofern Sie nicht grünes Licht – sprich: Erlaubnis – seitens der betreffenden Person bekommen, sich auf einen Namensteil zu beschränken. Gleiches gilt für das Weglassen akademischer Grade und anderer Titel.

„Titel“ – was ist das eigentlich?

Laut Fremdwörter-Duden ist die Definition klar: „Beruf, Stand, Rang, Würde kennzeichnende Bezeichnung, häufig als Zusatz zum Namen.“ Nicht gelöst ist damit die Frage, welche Titel üblicherweise bei Anreden mit genannt werden. Dazu zählen in Deutschland akademische Grade, Adelsprädikate, verliehene (Ehren-)Titel, Amts- und Funktionsbezeichnungen bei hohen politischen und kirchlichen Ämtern. Früher gebrauchte Anreden mit Berufsbezeichnungen wie: „Herr Studienrat“, „Herr Ministerialrat“, „Herr Ingenieur“ und Ähnliche sind in Deutschland – in Österreich nicht! – zugunsten des Namens verschwunden. Magistra/Magister ist eine Anrede, die ebenfalls in unserem geschätzten Nachbarland, nicht aber bei uns verwendet wird. Was jedoch übergreifend eint, ist dies: Durch falsche oder fehlerhafte Anreden können Menschen sich brüskiert fühlen. Deshalb ist es – nicht nur – im Berufsleben wichtig, sich über individuelle Vorlieben und Abneigungen zu informieren. Gerade in Deutschland gibt es sehr unterschiedliche Einstellungen und Wünsche, zum Beispiel, was die Anrede mit akademischen Graden und Adelsprädikaten angeht. Es gibt ähnlich viele, die sie unbedingt zum Namen hören möchten wie jene, die solche Zusätze eher stören.

TIPP

Einfach nachfragen

Ein kurzes Telefonat von Sekretariat zu Sekretariat kann im Berufsleben Anrede-Unsicherheiten schnell aus der Welt schaffen. Nutzen Sie diese Möglichkeit ruhig bei geplanten Erstbegegnungen, besonders bei seltenen oder schwierigen Titulierungen. So signalisieren Sie gleichzeitig hohes Interesse daran, der entsprechenden Person Wertschätzung entgegenzubringen.

Grundsätzlich hilft eine alte, jedoch nach wie vor aktuelle Höflichkeits-Empfehlung, Fettnäpfchen zu umgehen. Sie besagt: Reden Sie wie auch immer „Betitelte“ anfangs grundsätzlich mit Titel und Namen an. Falls diese daraufhin keinerlei Äußerungen wie: „Ach, lassen Sie … ruhig weg. Der Name reicht mir“ verlauten lassen, wissen Sie: Es wird auf die komplette Anrede Wert gelegt. Also behalten Sie diese Form bei. Eine Ausnahme zu dieser Gepflogenheit gibt es zwischen Promovierten. Sie reden sich untereinander üblicherweise nur mit dem Namen an.

Kleines Anrede „1 mal 1“

- Bei mehreren unterschiedlichen akademischen Graden beziehungsweise Amtsbezeichnungen wird in der Anrede nur der höchste verwendet. Lediglich in der Adresse tauchen alle auf. Beispiel: „Frau Professorin Dr. Ulrike Schröder“ ist die korrekte Anschrift. Die Anrede beschränkt sich auf: „Frau Professorin Schröder“ beziehungsweise schriftlich: „Sehr geehrte (liebe) Frau Professorin Schröder“.

- Hat eine Person mehrere Doktorgrade, gilt das gleiche Prinzip. In der Anschrift tauchen alle auf, bei der Anrede reicht einer. Bespiel: „Herrn Dr. Dr. Dr. h. c. Jens Sundermann", Adresse. „Herr Dr. Sundermann", mündliche Anrede. „Sehr geehrter (lieber) Herr Dr. Sundermann", Anrede schriftlich.
- Der Zusatz eines ehrenhalber verliehenen Doktortitels (e. h. abgekürzt oder h. c. = honoris causa) erscheint zwar in der Adresse, wird bei der Anrede hingegen weggelassen. Dort bleibt nur „Dr." hör- beziehungsweise sichtbar.
- Bei mehrfacher Titulierung können Sie in der Adresse die Abkürzung „mult." (von lateinisch multiplex = mehrfach) verwenden, ohne unhöflich zu sein. Die Anschrift: „Frau Dr. mult. Dr. h. c. mult. Christiane Granzow" bedeutet also: Frau Granzow hat sowohl mehrere verliehene als auch mindestens zwei durch Promotion erworbene Doktorgrade.
- Ebenso ist die Abkürzung „Dres." (Doktores = Mehrzahl) in einer Anschrift an mehrere Promovierte Usus. Beispiel: „Dres. Frau Sieglinde Bach, Herrn Stefan Bach". Bei der Anrede hingegen gilt diese Zusammenziehung als unhöflich. Dort bleibt es deshalb bei: „Sehr geehrte Frau Dr. Bach, sehr geehrter Herr Dr. Bach".
- „Dr." wird immer abgekürzt verwendet. „Professorin" oder „Professor" hingegen soll unter Höflichkeitsaspekten möglichst ausgeschrieben werden, in einer Anrede immer (auch wenn dem in der DIN 5008 keine Bedeutung mehr beigemessen wird). Dass die Anrede „Doktorin" inzwischen genauso verwendet wird wie „Professorin", scheint manchen noch gewöhnungsbedürftig zu sein. Doch das ändert nichts an der Richtigkeit der Umsetzung in die weibliche Form. Nur auf persönlichen Wunsch einer promovierten Frau sollte noch die Anrede „Frau Doktor" gewählt werden.
- Akademische Grade werden – sofern keine anderslautenden persönliche Wünsche geäußert wurden – in Verbindung mit „Frau" oder „Herr" sowie dem Namen genannt. Lediglich in der Arztpraxis und im Krankenhaus kann es ausreichen, sich auf „Frau Doktorin" oder „Herr Doktor" zu beschränken. Doch auch dort ist es natürlich nicht „verboten" – und auf jeden Fall höflich – den Namen mit auszusprechen. Innerhalb einer Universität wird ebenfalls manchmal auf die Namensnennung verzichtet und es bei „Frau Professorin", beziehungsweise „Herr Professor" belassen.
- Die Bezeichnungen „Magnifizenz" (Leitungsperson Rektorat) sowie „Spektabilität" (Leitungsperson Dekanat) werden selbst im universitären Bereich allenfalls noch bei hochoffiziellen Anlässen gebraucht.
- Anreden mit Amtsbezeichnungen ohne Namenszusätze sind bei sehr hohen Staatsämtern üblich. Beispiele: „Herr Bundespräsident", „Frau Bundeskanzlerin", „Frau Bundestagspräsidentin".

- → Für Frauen werden (außer Dienstgrade bei der Bundeswehr) Amts- und Funktionsbezeichnungen generell in die weibliche Form umgesetzt wie Ministerin, (Ober-) Bürgermeisterin, Staatsanwältin, Präsidentin, Abgeordnete, Landrätin. Unabhängig davon, für welches Geschlecht gebraucht: Diese Art Anreden werden heute nur noch dann verwendet, wenn die betreffende Person in offizieller Funktion agiert. Im privaten Umgang miteinander weichen sie dem Namen plus gegebenenfalls einem akademischen Grad.
- → Die Anrede „Fräulein" wird nur noch auf ausdrücklichen persönlichen Wunsch von Frauen – meist ältere Damen – gebraucht.

Ein Sonderfall: Adelsanreden

Seit der Weimarer Verfassung gelten bestimmte Adelsbezeichnungen in Deutschland als Bestandteil des Namens. Somit wären die Anreden eigentlich – das berühmte Einschränkungswort – ganz einfach und klar. Doch, weit gefehlt. Im gesellschaftlichen Umgang werden erstens teilweise noch die vor dieser Zeit gültigen Formen wie „Durchlaucht" oder „(Eure) Hoheit" gebraucht, die genau genommen nur noch Angehörigen regierender Königs- oder Fürstenhäuser zustehen. Zweitens hat es sich etabliert, „Frau" oder „Herr" – außer bei Adressen – wegzulassen. Dass dies namensrechtlich nicht ganz korrekt ist, wird nur von wenigen beachtet. So ist es üblich, weil seit 1919 eingebürgert, beispielsweise zu sagen: „Guten Morgen, Gräfin Westberghausen" oder „Dr. Graf Hochheimer, darf ich Ihnen einen Kaffee anbieten?" Hat der Name einen Zusatz wie „von der Sparrenburg" oder „zu Morgenthal", fällt dieser in der mündlichen Anrede weg. Ebenso ein „von", vorausgesetzt, es steht in Verbindung mit einem anderen Adelsprädikat.

Bei Briefanschriften hingegen werden solche Namensteile sowie gegebenenfalls die Zusätze „Frau" und „Herrn" komplett aufgeführt. Eventuelle akademische Grade bleiben an der üblichen Stelle vor dem Vornamen. Beispiele:

- → „Frau Professorin Catharina Gräfin von Westberghausen"
- → „Herrn Dr. Manfred Graf Hochheimer zu Morgenthal"

Diese Beispiele sind umsetzbar auf Prinzessinnen und Prinzen, Herzoginnen, Herzöge sowie Fürstinnen und Fürsten aus nicht regierenden Häusern. Die Adresse für eine Freifrau oder einen Freiherrn sieht traditionell so aus:

- → „Frau Alexandra Freifrau von Eibsch",
- → „Herrn Alexander Freiherr von Fircks"

Um die pleonastisch wirkende Doppelung zu vermeiden, wird heute oft den modernen Varianten der Vorzug gegeben:

- → „Alexandra Freifrau von Eibsch"
- → „Alexander Freiherrn von Fircks" – dabei, bitte, auf das „n" bei „Freiherrn" achten!

Regional bedingte Unterschiede lassen aus der Anrede „Frau von Eibsch", „Baronin Eibsch" und statt „Herr von Fircks", „Baron Fircks" werden. Das „von" wird bei Anreden von Baroninnen und Baronen üblicherweise weggelassen und taucht nur in der Anschrift auf: „Frau (Dr.) Elvira Baronin von Eibsch", „Herrn (Dr.) Alexander Baron von Fircks"

TIPP

„Wie hätten Sie 's denn gern?"

Wenn Sie unsicher sind, wie Sie eine adelige Person richtig anreden, fragen Sie in Spontansituationen ruhig nach deren Wünschen. Vermeiden Sie dabei jedoch eine Formulierung dieser Art: „Wie möchten Sie denn angeredet werden?" Mit ziemlicher Sicherheit werden Sie eine aus aristokratischer Zurückhaltung geborene Antwort wie: „Ach, das können Sie halten, wie Sie wollen. Sie können auch einfach Frau Sowieso zu mir sagen" selbst dann hören, wenn eine solche Anrede unbeliebt ist. Erkundigen Sie sich deshalb besser nach der „korrekten", „richtigen" oder „offiziellen" Anredeform statt nach der „gemochten". Bei geplanten Geschäftstreffen ist vorherige Ermittlung allerdings empfehlenswerter (→ Seite 34). Weitere Recherchequellen für korrekte Adelsanreden und andere damit in Zusammenhang stehenden Informationen bieten sich Ihnen beim Deutschen Adelsarchiv in Marburg oder im „Genealogisches Handbuch des Adels".

„Hey, Frau Müller, kommst du mal?" – vom Duzen, Siezen und von „Zwittern"

Die Diskussion, ob das Duzen oder Siezen im Beruf „richtig" oder „falsch" ist, hat sich in den letzten Jahren verstärkt. Eine eindeutige Antwort darauf ist so gut wie unmöglich. Viel zu unterschiedlich sind dazu persönliche Empfindungen und diesen stehen manchmal Firmenphilosophien diametral entgegen. Wer in einem Unternehmen tätig ist, in dem das allgemeine Duzen als „betriebliche Weltanschauung" angeordnet wird, hat keine Chance, sich dagegen zu wehren. In allen anderen Fällen denken Sie, bitte, an Folgendes: Dem Sie und dem Du werden emotional Distanz und Nähe zugeordnet. Es handelt sich dabei um eine sprachliche Grenze, deren unerlaubtes Übertreten Unmut bis starke Aversionen auslösen kann. Deshalb ist es bei uns Usus, um ein Du zu bitten beziehungsweise es anzubieten. Das Recht dazu haben betriebsintern Vorgesetzte sowie Teammitglieder „Neulingen" gegenüber. Dieses Recht umfasst jedoch auch eine Pflicht: nicht ohne Absprache vom Du Gebrauch zu machen! Einseitiges, herablassendes Duzen ist verletzend und beeinträchtigt das Arbeitsklima. Beispiele: Ältere Teammitglieder duzen Azubis, ohne deren Einverständnis eingeholt zu haben. Vorgesetzte erlauben sich dieses Verhalten „Unterstellten" gegenüber. In Pflegeberufen werden betagte Menschen einfach mit „Oma" oder „Opa" und „du" angesprochen. Personen gegenüber, deren Aussehen auf einen Migrationshintergrund schließen lässt, wird so getan, als kämen sie mit dem deutschen „Sie“ nicht klar und sie bekommen „Brocken-Sätze“ zu hören wie: „Na, du kapieren?“ All das ist von wertschätzendem Verhalten Millionen Lichtjahre entfernt. Es ist schlicht respektlos.

Überfallen Sie Menschen, bitte, nicht mit einem Duz-Angebot, zum Beispiel Neulinge im Team. Formulieren Sie Ihren Vorschlag, vom Sie zum Du überzugehen, am besten so, dass die gefragte Person ohne Angst vor Miss-Stimmungen ablehnen kann. Beispiel: „Wir hier im Team duzen uns alle und bieten Ihnen gern an, sich dem anzuschließen. Wenn Sie das jedoch lieber (noch) nicht möchten, ist das für uns auch in Ordnung.“

Solche „offenen Angebote“ sind jedoch nicht die Regel. Oft hört sich das eher so an: „Damit du gleich Bescheid weißt: Wir duzen uns hier alle im Team. Ich bin der Martin.“ Was also tun, wenn Sie nach einer solchen überrumpelnden Duz-Offensive lieber beim Sie bleiben möchten? Deutlich betont sei als Erstes: Jeder Mensch hat das Recht, ein Duz-Angebot abzulehnen! Ob es im Arbeitsleben mit Blick auf das (neue) Team klug ist, bleibt fraglich. Überlegen Sie deshalb, bitte, in einer solchen Situation: „Womit kann ich besser klarkommen? Damit, durch ein Ablehnen des Duzens eventuell in eine ‚Abseitsposition‘ zu kommen beziehungsweise als hochnäsig abgestempelt zu werden (was leider häufig die Folge ist) oder damit, meinen Wunsch nach sprachlicher Distanz aufzugeben? Oder ist es sogar von Vorteil, wenn ich zeige, dass mir eine gewisse Distanz wichtig ist?“ Die Antworten und Ihre Entscheidung kann Ihnen keine Umgangsformen-Regel abnehmen.

- ➔ Oft hilft es, die Empfindungs-Distanz zwischen Duz- und Siez-Typen zu verringern, wenn die Mischform: Anrede mit Vornamen, jedoch plus „Sie“ gewählt wird. Dieses scherzhaft auch „Hanseatische Du“ genannte hat sich in den letzten Jahren bereits weiter verbreitet, als es früher üblich war.
- ➔ Ob es gewünscht oder gar verboten wird, sich vor der Kundschaft zu duzen, hängt von der Geschäftspolitik ab. In konservativen Branchen wird vielfach das „Sie“ erwartet beziehungsweise sogar angeordnet. Doch wie auch immer: „Frau Müller, kommst du mal?“, ist und bleibt in Hörweite der Kundschaft Nonsens. Nur den Vornamen gegen den Nachnamen auszutauschen, ansonsten jedoch das Du zu belassen, ist schlechter Stil.
- ➔ In der Schriftform kann das Duzen bei geschäftlichen Vorgängen ebenfalls deplatziert sein. Etwa, wenn es um vertragliche Abwicklungen oder Schreiben geht, die auch Dritte zu Gesicht bekommen. Die beste Lösung: Sie verfassen das „offizielle Papier“ im Sie-Stil und vervollständigen den Brief mit einer extra Seite oder einer kurzen Begleitnotiz in der Du-Ansprache, gern auch handschriftlich.

TIPP

Ablehnung mit Fingerspitzengefühl

Wenn Sie ein Duz-Angebot ablehnen, senden Sie am besten vorab eine positive Botschaft. Dies mindert die Gefahr, dass sich die andere Person zurückgestoßen fühlt. Geben Sie außerdem, wenn Sie mögen, eine Erklärung für Ihre abschlägige Antwort. Beispiel: „Ich freue mich über den Vertrauensbeweis, als den ich Ihr Angebot empfinde. Herzlichen Dank dafür. Ich bitte Sie jedoch um Verständnis, dass ich Ihr Angebot nicht annehmen kann. Im beruflichen Umfeld duze ich mich grundsätzlich mit niemandem und fürchte, einen Präzedenzfall zu schaffen, wenn ich davon abweiche. Deshalb lassen Sie uns, bitte, weiterhin beim Sie bleiben. Der gute Draht, den wir miteinander haben, bleibt ja trotzdem bestens erhalten."

Die große Ausnahme – der Morgen „danach"

Wer kennt sie nicht, die „Katerstimmung" nach einem feuchtfröhlichen Betriebsfest?! Oft wird diese noch vergrößert, wenn dunkle Erinnerungsfetzen an wilde „Duz-Verbrüderungsszenen" quer durch alle Hierarchiestufen das immer noch etwas angegriffene Gehirn martern. Sagt der wiederhergestellte rationale „Arbeitskopf": „Das war ein Fehler. Diese Duzerei belastet eher unseren Arbeitsalltag als dass sie ihn fördert", dann hilft nur eins: Farbe bekennen, den „Alkohol-Fehler" eingestehen, für ihn um Entschuldigung bitten, den alten Sie-Zustand wiederherstellen – und zwar sofort, am Morgen danach. Das ist die einzige Chance, tiefreichenden Verletzungen, die sonst durch die Rücknahme eines Dus unweigerlich entstehen, entgegenzuwirken.

Sind Sie im Zuge solch „beschwipster" Duz-Angebote nicht sicher, ob beispielsweise Ihr Chef es ernst gemeint hat? Dann warten Sie am nächsten Tag, welche Anredeform er wählt. Hören Sie das vor der Feier übliche „Sie", vergessen Sie das Ganze und bleiben auch Sie dabei. Merken Sie: Offensichtlich wird eine direkte Anrede vermieden – was auf Dauer ein „nerviger" Zustand werden kann! – sprechen Sie das Thema hingegen besser an. Unterbreiten Sie das Angebot, wenn gewünscht gern – und zwar wirklich ohne Schmollen! – zum Stand von Vorgestern zurückzukehren. Unter Umständen können Sie dann einen ziemlich dicken Stein vom „Boss-Herzen" fallen hören und einen ebenso großen ab sofort im Brett haben.

Über den Umgang – Freiherr Knigge lässt grüßen

Das Mini-Quiz für Ihren persönlichen Schnell-Check zu den Themen Frauen und Männer, Rauchen, Pünktlichkeit sowie Klatsch:

1 Frauen haben selbstverständlich auch im Beruf ein Anrecht darauf, dass Männer ihnen wie eh und je die traditionellen Kavaliersgesten zukommen lassen.

☐ richtig
☐ falsch

---

2 Was unter sexueller Belästigung zu verstehen ist, lässt sich eindeutig definieren.

☐ richtig
☐ falsch

---

3 Klatsch und Tratsch kann zu Gerüchten führen, die Auslöser oder Bestandteile von Mobbing sind.

☐ richtig
☐ falsch

---

4 Eine Grundregel zum höflichen Verhalten beim Rauchen besagt: Nie mit einer brennenden Zigarette (Zigarillo, Zigarre, Pfeife) ein fremdes Gebäude betreten.

☐ richtig
☐ falsch

---

5 Wer nachlässig mit der Zeit anderer umgeht, ist rücksichtslos.

☐ richtig
☐ falsch

Haben Sie etwas Zeit, die Antworten herauszufinden? Dann lesen Sie, bitte, das folgende Kapitel. Möchten Sie das Ergebnis lieber auf einen Blick? Dann schauen Sie einfach auf Seite 104 nach.

Selbst ist die Frau? – Sind Kavaliere im Beruf out?

Dass ein weibliches Wesen ohne männliche Hilfe eine Tür öffnen, sich auf einen Stuhl setzen sowie davon aufstehen, den Mantel anziehen – ja, sogar, dass eine Frau im Beruf „ihren Mann stehen" kann (ob der Ausspruch bei allen Frauen gut ankommt, darf bezweifelt werden), hat sich mittlerweile herumgesprochen. Auch unter Männern. Diese haben solche Erkenntnisse allerdings teilweise durch unerfreuliche Erfahrungen gewonnen. Ein Beispiel: Kollege Höflich will Kollegin Zickig etwas Gutes tun und ihr in den Mantel helfen. Mit einem empört über die Schulter gezischten: *„Dasssss* kann ich auch alleine!", entreißt sie ihm den Mantel und bedenkt ihn im Davonrauschen noch mit einigen „Wenn-Blicke-töten-könnten"-Blitzen. Wenn ein Mann, dem solches oder Ähnliches ein paar Mal passiert ist, seine „Kavaliers-Ader" schleunigst einfriert, ist das wohl verständlich.

Eine dringende Bitte an alle Männer, die sich mit dem Kollegen Höflich durch eigene Erfahrungen verbunden fühlen: Scheren Sie die Geschlechtsgenossinnen von Frau Zickig, bitte, nicht alle über einen Kamm. Die Frauen, die wie sie reagieren, sind in einer extrem kleinen Minderzahl. Umfrage-Ergebnisse beweisen: Fast 90 Prozent der Frauen wissen Kavaliersgesten wie das In-den-Mantel-helfen sehr zu schätzen. Ein Tipp: Fragen Sie bei Unsicherheit, zu welcher „Mantel-Anzieh-Kategorie" eine Frau tendiert, doch einfach nach. So laufen Sie gar nicht erst Gefahr, dass Ihre freundliche Geste zurückgewiesen werden könnte.

Eine mindestens ebenso dringende Bitte an alle Frauen, die – aus welchem Grund auch immer – meinen, solche Gesten zurückweisen zu wollen: Ihr Recht, Hilfsangebote abzulehnen, ist unbestritten. Doch, bitte, tun Sie dies freundlich, höflich oder zumindest sachlich statt beleidigend.

Das Zusammenarbeiten von Frauen und Männern im Beruf ist auch ohne solche „Rollen-Revier-Grabenkämpfe" oft schwierig genug. Was verständlich ist. Schließlich kann etwas, das es Jahrhunderte lang nicht gab, kaum in wenigen Jahrzehnten „normal" werden. Es existieren viel zu tief sitzende Rollenklischee-Bilder, Vorurteile und fest verankerte Gewohnheiten. Moderne Berufs-Spielregeln helfen, diese zu erkennen und zu verändern. (→ Trumpfkarten-Verteilung, Seite 23). Was speziell Frauen zu diesem Wandel positiv beitragen können, ist unter vielem anderen eine moderne, unverkrampfte Einstellung zu Kavaliersgesten. Motto: Eine berufstätige Frau empfindet sie nicht als ein ihr zustehendes Recht, „klagt" sie nicht (emotional) „ein". Werden sie jedoch von einem Mann freiwillig angeboten, dann geht sie damit souverän um. Beispiel: Eine Assistentin erwartet nicht von ihrem Chef, dass er ihr die Tür öffnet und ihr im Fahrstuhl den Vortritt lässt. Sie weiß: Nach dem modernen Trumpfkarten-System stehen ihm diese Höflichkeits-Privilegien zu. Verzichtet er jedoch freiwillig darauf und bietet ihr Kavaliersgesten an, nimmt sie diese Freundlichkeit einfach mit einem strahlenden „Danke“ entgegen.

TIPP

Hilfe anbieten

Wirklich partnerschaftliches Umgehen miteinander lässt sich mit dem „Von-Mensch-zu-Mensch-Prinzip“ am besten erreichen – und zwar im Privatleben wie im beruflichen Bereich. Dabei gibt es neben dem Kavalier auch die „Kavalière“ und es wird weder nach „Trumpfkarten“ noch nach Rollen geschaut. Es funktioniert sehr einfach: Jeder Mensch, der sieht, dass einem anderen durch eine kleine Hilfsgeste etwa der Arbeitsablauf erleichtert wird, bietet diese an! Beispiel: Eine Vorgesetzte kommt gleichzeitig mit einem Auszubildenden, der voll bepackt ist mit Arbeitsmaterial, vor einer Tür an. Dann öffnet sie diese ganz selbstverständlich für ihn, wenn sie die Hände frei hat.

Moderne Gästebetreuung – manchmal läuft sie aus dem Ruder

Wie Sie den optimalen Geschäftsgast-Empfang gestalten, wissen Sie: Sie holen die Person an der Information (am Eingangsportal) ab. Sie bieten ihr beim Gehen die rechte Ehrenseite an, lassen ihr beim Betreten des Fahrstuhls oder auf einer Treppe der Vortritt und öffnen ihr Türen beziehungsweise halten diese auf. Und wenn der Gast sich im Gebäude nicht auskennt, übernehmen Sie die Führung, um ihm den Weg angenehmer zu gestalten. Dazu verdeutlichen Sie verbal, dass Ihnen sein Vortritts-Recht sehr wohl bekannt ist, etwa: „Ich glaube, es ist praktischer, wenn ich jetzt einfach vorgehe“ oder etwas altmodischer ausgedrückt: „Sie gestatten doch, dass ich vorgehe?“ In den meisten Fällen wird ein Gast sich äußerst wohl fühlen, wenn er solches erlebt. Es kann jedoch Ausnahmen geben und zwar bei folgender Konstellation: Eine Frau will diese – absolut richtige und empfehlenswerte – Gästebetreuung einem betagten Kavalier der alten Schule zukommen lassen. Sie können ziemlich sicher sein: Das klappt nicht. Es wird nur Sekunden dauern, dann findet sie sich auf der Ehrenseite wieder, weil der Herr diskret hinter ihrem Rücken nach „Backbord“ gewechselt hat – wenn nötig auch stets aufs Neue. Sollte sie darauf bestehen, ihm an Türen oder vor dem Fahrstuhl den Vortritt zu lassen, werden die beiden vor lauter „Bitte, nach Ihnen“ vermutlich nie im Besprechungsraum ankommen. Lassen Sie in einem solchen Fall die sonst optimale Gästebetreuung getrost „aus dem Ruder“ laufen. Der Grund: Ein Kavalier der alten Schule hat tief verinnerlicht: Eine Dame geht immer rechts, ihr wird die Tür geöffnet und stets der Vortritt gelassen. Er würde sich bei umgekehrtem Rollenverhalten vermutlich eher unwohl als geehrt fühlen. Und das soll natürlich auf keinen Fall passieren, denn: Oberstes Gebot der Geschäftsgast-Betreuung ist, es für ihn so angenehm wie möglich zu gestalten.

Ein mehr als heikles Thema – sexuelle Belästigung

Einer der heiklen Punkte bei diesem Thema ist bereits die Definition, was unter sexueller Belästigung eigentlich verstanden wird. Sicher: Bei besonders schweren Übergriffen lässt sich das eindeutig klären. Darüber sind sich Frauen und Männer sogar einig, wie bei aufgedrängten Küssen, Aufforderung zum sexuellen Verkehr, Versprechen beruflicher Vorteile bei sexuellem Entgegenkommen oder Androhung beruflicher Nachteile bei dessen Verweigerung. Daneben gibt es jedoch eine große Grauzone, in der nicht einmal die Empfindungen der Frauen übereinstimmen. Dass dies fast zwangsläufig gar nicht anders sein kann, liegt an den stark unterschiedlichen persönlichen Grenzen (→ Seite 10ff) und der jeweiligen Einstellung zur Sexualität sowie der „inneren Lebenslandkarte" einer Frau. So kann Kollegin A. sich bereits von eindeutig zweideutig Blicken oder Bemerkungen des Kollegen B. peinlich berührt fühlen. Kollegin C. lassen solche Anzüglichkeiten völlig kalt. Frau D. empfindet den im Büro von Herrn F. hängenden Pornokalender als sexistische Provokation. Frau G. beschließt, sich mit solchem „Kleinkram" nicht das Nervenkostüm zu ramponieren und schaut einfach daran vorbei.

> **TIPP**
>
> **Bitte, Vorsicht!**
>
> Die größte Differenz zwischen der weiblichen und männlichen Einstufung, was sexuelle Belästigung ist, findet sich bei den „zufälligen" Körperberührungen. Fast zwei Drittel der Frauen, jedoch nur etwa ein Viertel der Männer, empfinden diese als dazugehörig.

Es ist übrigens ein Vorurteil, dass ausschließlich Frauen von sexueller Belästigung heimgesucht werden. Der Anteil der Männer, die solches erleben, ist allerdings sehr viel geringer. Außerdem gehen diese offensichtlich anders mit solchen Behelligungen um. Die Betroffenen sind mehrheitlich der Meinung, sich erfolgreich gewehrt zu haben. Frauen hingegen gaben an, weiter belästigt worden zu sein, obwohl sie nach eigener Einschätzung dem Belästiger deutlich zu verstehen gegeben hatten, dass sein Verhalten unerwünscht sei. Damit sexuelle Belästigungen gar nicht erst das Arbeitsklima vergiften kann, ist es hilfreich, die folgenden Punkte zu beachten:

- → Kalkulieren Sie, bitte, ein: Durch die individuellen, unterschiedlichen Empfindungen kann etwas bereits als sexuelle Belästigung empfunden werden, das Sie selbst gar nicht darunter verstehen.
- → Halten Sie sich immer an die „ungeschriebenen Distanzgesetze" (→ Seite 11). Seien Sie besonders sensibel, was Körperkontakt angeht. Überlegen Sie gut, bei welchen Menschen Sie sich Berührungen – die über „offiziell gestattete" wie den Händedruck hinausgehen – leisten können, ohne Missverständnisse heraufzubeschwören.

- → Findet im Eifer des Arbeitsalltags eine Körperberührung statt, die wirklich „zufällig“, also versehentlich, war, hilft eine kurze Bitte um Entschuldigung. So kann dem Verdacht, sie sei absichtlich produziert, also dem der sexuellen Belästigung, vorgebaut werden.
- → Zeigen Sie deutlich Ihre Grenzen auf und zwar nach dem Motto: „Wehret den Anfängen.“ Verwenden Sie dazu Ich-Botschaften (→ Seite 61).
- → Setzen Sie gegebenenfalls auch Ihre Körpersprache ein. Beispiele: Sie schaffen mehr Distanz zwischen sich und einer anderen Person, etwa durch eine veränderte Sitzposition oder durch Aufstehen. Nach einer Aussage wie: „Ich empfinde diese Art von Witzen als diskriminierend und frauenfeindlich. Deshalb wählen Sie, bitte, in Zukunft in meiner Gegenwart welche aus einem anderen Repertoire“, verlassen Sie – wenn auch nur kurz – den Raum.
- → Helfen Sie, bitte, mit, die alte Mär aus der Welt zu schaffen: „Wenn Frauen ‚Nein‘ sagen, meinen sie doch eigentlich ‚Ja‘.“ „Nein heißt Nein“ sollte nicht nur als Basis des neuen Sexualstrafrechts gelten, sondern als Erkenntnis sowie Tatsache im gesamten Umgang miteinander verankert sein.

Freundschaften im Team – wie viel Privates verträgt der Arbeitsalltag?

Teamarbeit ist in einem freundschaftlichen Klima besser und effizienter zu leisten, als wenn es Spannungen gibt. Das wird wohl niemand bezweifeln. Probleme können jedoch in solchen Fällen aufkommen: Zwei oder einige Personen einer Arbeitsgruppe verbindet eine sehr enge Freundschaft. Zu den anderen Teammitgliedern bestehen recht distanzierte Verhältnisse. Dieser Unterschied wird von den „eng Verbandelten“ pausenlos demonstrativ herausgestellt. Dass damit dem Klima ständige „Schlechtwetterzonen“ drohen, ist klar. Da die gleichmäßig starke freundschaftliche Bindung aller Teammitglieder untereinander eher die Ausnahme als die Regel im Berufsleben ist, bedarf es also Fingerspitzengefühls beim Thema „Freundschaft“. Niemand braucht einen Hehl daraus zu machen, wenn eine solche be- oder entsteht. Schließlich kann sie viel Kraft und Freude im sonst manchmal grauen Arbeitsalltag spenden. Genauso unnötig ist es allerdings, sie auffällig und wirkungsvoll ständig zu demonstrieren. Das beginnt bereits bei Begrüßungsformen. Ein Beispiel: Zwei eng befreundete Kolleginnen, die sich im privaten Bereich mit einer herzlichen Umarmung willkommen heißen, tun dies im Unternehmen nur, wenn sie unter sich sind. Vor den Augen anderer – besonders vor denen der Kundschaft! – verzichten sie auf diese innige Begrüßung. Sie achten auch darauf, gemeinsame private Erlebnisse und Erinnerungen nicht in langen Gesprächen vor den weiteren Teammitgliedern breitzutreten. Ebenso wenig verschließen sie sich gemeinsamen Freizeit- oder Pausenaktivitäten der Arbeitsgruppe oder der Abteilung, indem sie stets nur „zusammenglucken". Sie agieren nach dem Motto: Unsere Freundschaft ist für uns sehr wertvoll. Das verstecken wir auch nicht. Wir gehen jedoch so mit ihr um, dass sich auch alle anderen im Team genügend wertgeschätzt fühlen.

Wenn Amors Pfeil getroffen hat – neues Pärchen in der Truppe

„Mit Verliebten ist vernünftigerweise gar nicht umzugehen; sie sind so wenig als andere Betrunkene zur Geselligkeit geschickt; außer ihrem Abgott ist die ganze Welt tot für sie. (...) Den Verliebten selbst Regeln über ihren Umgang miteinander zu geben, das würde verlorene Mühe sein; denn da diese Menschen selten bei gesunder Vernunft sind, so wäre es ebenso unsinnig zu verlangen, daß sie sich dabei gewissen Vorschriften unterwerfen sollten, als wenn man einem Rasenden zumuten wollte, in Versen zu phantasieren, oder einem, der die Kolik hat, nach Noten zu schreien."

Ahnen Sie vielleicht schon, von wem diese Umgangs-Empfehlung stammt? Genau – sie ist ein „O-Ton" des Adolf Freiherrn Knigge aus dem Jahre 1788. Mag sie auch damals praktikabel gewesen sein (schließlich gab es Verliebte zwangsläufig im Beruf mangels der Anwesenheit von Frauen nicht). Heutzutage kann frisch Verliebten im Job seine damalige Großzügigkeit nicht mehr zugestanden werden. Schließlich haben alle anderen notgedrungen mit ihnen und sie mit dem Rest der Arbeitswelt umzugehen. Um dies auf angenehme Art zu schaffen, gilt alles gerade zur Freundschaft Beschriebene mit dem Zusatz: Zärtlichkeiten oder gar Knutschereien sind in der Berufsöffentlichkeit tabu. Ob heimliche Küsse in dunklen Ecken oder verstohlene Treffen im Heizungskeller gut oder schlecht sind, können nur die von Amors Pfeil Getroffenen selbst entscheiden. Sie sollten dabei jedoch bedenken: Liebesbeziehungen sind in vielen Unternehmen ungern gesehen. Sie können Unfrieden ins Team tragen, Auslöser für Eifersüchteleien oder Unterstellungen sein und sie bieten einen fruchtbaren Nährboden für unschönes Getratsche. Deshalb kann eine – zumindest anfängliche – Geheimhaltung angebracht sein. Ob und wie weit diese möglich ist, hängt von verschiedenen Faktoren ab. Deshalb sollten Frischverliebte den – laut Knigge nicht mehr vorhandenen – Rest von Vernunft einsetzen und sich folgende Fragen beantworten:

- ➔ WAS IST FÜR UNS DIE BESTE UMGEHENSWEISE MIT DER NEUEN SITUATION? Sofortige Offenlegung beugt unter Umständen Klatsch und Tratsch vor; kann aber auch zum Nachteil werden, etwa wenn die „neue große Liebe" nach kurzer Zeit vergangen ist.
- ➔ WAS IST MIT BLICK AUFS TEAM DAS BESTE VORGEHEN? In einer relativ vertrauten Arbeitsgemeinschaft wird ein Geheimhalten unter Umständen zur Nervenzerreißprobe werden, wenn ihr die neu Verliebten beide angehören. Sind sie in verschiedenen Abteilungen, vielleicht sogar in einer sehr großen Firma tätig, kann das eher ohne allzu große Belastung klappen.

„Hast du schon gehört ...?!!“ – Klatsch und Tratsch

Nicht nur, wenn es gilt, neue Liebschaften publik zu machen, blüht der „Flurfunk“. Ohne ihn ist das Arbeitsleben gar nicht vorstellbar. Klatsch und Tratsch gehören dazu wie das Salz in der Suppe. Und wie bei ihr ist es auch bei dieser Kommunikationsform: Nur mit der richtigen Dosierung kann ein Wohlgeschmack entstehen. Wobei unter „Dosierung“ beim „Ratschen“ nicht nur die Menge, sondern auch die Art und Weise fällt. Ein kleiner Plausch kann zum einen sehr förderlich für das gute Betriebsklima sein. Nicht umsonst wird in den letzten Jahren in Firmen verstärkt Wert darauf gelegt, Kommunikationszonen – zu Beispiel auf den Fluren – einzurichten. Zum anderen können Gerede und Gemunkel der Auslöser für bösartigste Verleumdungen sein. Die Grenze zwischen augenzwinkerndem, harmlosen Klatsch und übler Nachrede ist schmal und fließend. Es ist ein himmelweiter Unterschied, ob über Kollegin X erzählt wird: „Also wirklich, stellt euch mal vor: Der X sind doch tatsächlich beim Weiterbildungsseminar nach der Mittagspause die Augen zugefallen. Wir haben alle darauf gewartet, ob sie wohl anfängt zu schnarchen!“ Oder ob es heißt: „Die X war beim Seminar so müde, dass sie kurz nach der Mittagspause eingeschlafen ist. Ich hab's ja schon immer gesagt: Die treibt's garantiert nachts reichlich bunt. Wer weiß, was für einen Nebenjob die hat!“ Letzteres ist „Gerüchte-Humus“ in Reinkultur, was schlimme Folgen haben kann. Öfter als vermutet, sind hinterhältiges Getratsche und Gerüchte der Anfang oder Bestandteil von Mobbing.

GEWUSST WIE

Kritisch prüfen

Bleiben Sie bei allen „Hast du schön gehört ...?!!“-Informationen, bitte, kritisch. Prüfen Sie genau, ob es sich um eine harmlose, nicht rufschädigende Mitteilung handelt. Geben Sie das Gehörte nicht ungeprüft weiter. Verschaffen Sie sich Klarheit über den Wahrheitsgehalt der Aussage. Und wenn Sie auch nur eine Spur des Verdachts haben, dass es sich um Böswilligkeit, Verleumdung oder Lüge handeln könnte, dann bieten Sie, bitte, unbedingt dieser Unkollegialität die Stirn. Verdeutlichen Sie unmissverständlich: „Nein, mit mir nicht! Ich werde ... direkt darauf ansprechen, ob etwas Wahres an dieser Behauptung ist.“ Das empfinden viele, die Schäbiges in Umlauf bringen, als Gefahr für sich. So steigt die Chance, dass sie ihr schädigendes Verhalten aufgeben.

Das Thema Klatsch und Tratsch gehört zu jenen, um die Neulinge einen großen Bogen machen sollten. Solange interne Gepflogenheiten, offene oder versteckte Netzwerke und Seilschaften, der gewohnte Umgangston und mehr nicht bekannt sind, stehen die Fettnäpfchen dabei nämlich reihenweise trittbereit!

Die weiteren besten Tipps für Neulinge

Hören Sie zu Anfang am besten immer sehr gut zu – selbst bei Klatsch und Tratsch. So werden Sie – entsprechende Aufmerksamkeit vorausgesetzt – viele wertvolle Informationen am Rande erhalten. Diese können Ihnen helfen, schneller „den Durchblick" bei abteilungs- oder firmeninternen Gewohnheiten und Abläufen zu bekommen. Nutzen Sie, bitte, den Unterschied von „Klatsch" und „Small Talk" (→ Seite 66f). Letzteren zu pflegen ist natürlich von Anfang an empfehlenswert, um mit seiner Hilfe die neuen beruflichen Kontakte anzubahnen und zu festigen. Auch jenseits der Gerüchteküche gibt es einige Verhaltensweisen, mit denen Sie sich Ihren Einstieg erleichtern können.

- Im Optimalfall werden Sie an Ihrem ersten Tag in der Firma von einer dort schon länger tätigen Person herumgeführt und mit Teammitgliedern bekannt gemacht. Unterbleibt dies, etwa weil Hektik und Stress pur angesagt sind, ergreifen Sie die Initiative mit der Selbstvorstellung (→ Seite 28f). Beschränken Sie sich dann aber am besten auf die engsten Teammitglieder. Die anderen können Sie auch noch kennen lernen, wenn wieder einigermaßen Ruhe eingekehrt ist.
- Denken Sie, bitte, an die Trumpfkarten-Verteilung, etwa beim Grüßen und Handreichen (→ Seite 23).
- Erkundigen Sie sich darüber hinaus nach den speziellen Spielregeln, die in Ihrem neuen Arbeitsumfeld üblich sind. Beispiel: Möchte die Chefin mit „Frau Direktorin", „Frau Dr. Muster" oder einfach nur „Frau Muster" angesprochen werden?
- Halten Sie sich mit Kritik und Verbesserungsvorschlägen zurück. Selbst dann, wenn Ihnen als Neuling ein Ablauf sinnlos und ineffizient erscheint. Brächten Sie Ihre Meinung dann auch noch mit einer Aussage wie: „Aber so, wie wir es in meiner alten Firma gemacht haben, ist es viel besser!", zum Ausdruck, könnten Sie ziemlich sicher sein, sich gleich doppelt unbeliebt gemacht zu haben. Sparen Sie sich die Bekanntgabe innovativer Ideen besser für etwas später auf (es sei denn, Sie sind als Führungskraft dazu eingestellt, den „Laden schnellstens in Schwung" zu bringen oder gar vor der Insolvenz zu retten).
- Kalkulieren Sie vorsichtshalber ein, dass Sie als „Eindringling" empfunden werden können. Beispiel: Sie übernehmen Aufgaben oder die Verantwortung für Angelegenheiten, mit der vor Ihnen eine andere Person des Teams betraut war. Dann kann das „Territorial-Kämpfe" (→ Seite 13f) auslösen.
- Verlassen Sie sich lieber nicht darauf, dass jemand die Zeit findet, Sie ausführlich einzuarbeiten. Bekommen Sie diese Vergünstigung – umso besser. Falls nicht, gilt: fragen, fragen und noch einmal fragen. Das ist allemal besser, als vage Vermutungen über die gewünschte Aufgabenerledigung anzustellen und dadurch Fehler zu machen.
- Bringen Sie in Erfahrung, ob ein „Einstand" zum Pflichtritual gehört. Halten Sie sich dabei am besten sowohl an betriebliche Vorgaben – nicht immer ist das Feiern in der Firma erlaubt – als auch an die Üblichkeitsregeln im Team. Wie lange? Wie viel? Wie teuer? Bester Termin: nach Ablauf der Probezeit.

Blauer Dunst im Business – so gut wie verschwunden

Seit 2002 die Änderung der Arbeitsstättenverordnung zum Nichtraucherschutz in Kraft getreten ist, sind Rauchverbote in Firmen Usus. Dass solche einzuhalten sind, versteht sich von selbst. In Situationen, die nicht von Vorschriften geregelt werden, gilt als erstes Gebot: Es ist an den Fans des blauen Dunstes, Rücksicht auf Nichtrauchende zu nehmen.

Der Grund: Das „Rauch-Laster" hat im Gegensatz zu anderen Süchten eine ganz spezielle Komponente. Es zwingt die Mitmenschen, daran teilzuhaben. Deshalb sollte klar sein, dass die größte Verantwortung bei der Entschärfung eines Rauch-Konflikts auf der Seite von Rauchenden liegt. Trotzdem sei hier auch eine Bitte an Nichtrauchende geäußert: Den legitimen Wunsch nach rauchfreier Luft können Sie freundlich zum Ausdruck bringen statt bissig oder maßregelnd. Selbst dann, wenn sich Rauchende nicht an den zweiten Grundsatz gehalten haben sollten, der besagt: Dort, wo es keine ausgewiesenen Verbotszonen oder anderweitige, etwa betriebliche Regelungen gibt, soll immer erst gefragt werden, ob das Rauchen stört. Und zwar ernst gemeint mit der Bereitschaft, die Antwort zu respektieren – wie auch immer sie ausfällt! Bitte, lassen Sie diese Frage nicht zur Farce werden: „Sie gestatten doch?" – die Zigarette schon im Mund, das Feuerzeug bereits entflammt. Nur mit einer ehrlichen Frage-Antwort-Kultur können Rauch-Konflikte verringert werden.

Weitere Maximen, an die sich höfliche Rauchende halten, besagen:

➔ Betrachten Sie, bitte, nicht nur mit Verbotsschildern gekennzeichnete Bereiche als Rauch-Tabuzonen. Auch alle als Wunsch oder Anliegen formulierten Sätze wie: „Bitte, unterstützen Sie uns dabei, unsere Geschäftsräume rauchfrei zu halten" sollten als Verbot verstanden werden. Und zwar auch von der Kundschaft!

➔ Betreten Sie ein fremdes Gebäude – ganz gleich, ob ein öffentliches, geschäftliches oder privates – nie mit „Brennendem" (Zigarette, Zigarillo, Zigarre, Pfeife).

➔ Nehmen Sie auch fehlende Aschenbecher als Rauchverbot wahr. Eine Grundregel besagt: Dort, wo keine stehen, ist das Rauchen nicht erwünscht – härter ausgedrückt: untersagt.

➔ Die Umkehrung: Wo ein Aschenbecher vorhanden ist, kann geraucht werden, hat im Auto keinen Bestand. Gerade in diesem sehr engen Raum, bitte, unbedingt fragen, ob andere das Rauchen gestatten.

TIPP

Kurze Pausen einplanen

Wenn sich alle Rauchenden an die Höflichkeitsregeln halten, werden die den Nichtrauchenden zustehenden Rechte respektiert. Im Gegenzug ist es dann fair, beispielsweise bei Konferenzen, in Meetings und Seminaren – alles Situationen, die seit Langem selbstverständlich rauchfrei sind – in regelmäßigen, vorher abgesprochenen Abständen kurze Rauchpausen einzulegen.

„Sorry, ich steh im Stau" – (un) beliebte Notlüge bei Unpünktlichkeit

„Zeit ist Geld!" Dieser Satz hat im Berufsleben bei uns – manche Völker sehen das anders – zunehmend an Bedeutung gewonnen. Doch nicht nur aus diesem Grund ist es wichtig, andere Menschen nicht warten zu lassen. Pünktlichkeit ist ein Zeichen von Wertschätzung: Sie sind es mir wert, dass ich Ihre Zeit nicht vergeude. Unpünktlichkeit hingegen signalisiert unterschwellig: Sie sind für mich so unwichtig – um nicht zu sagen „wertlos" –, dass ich mir das Recht nehme, Ihre Zeit zu verplempern.

„Es gibt Diebe, die von den Gesetzen nicht bestraft werden, obwohl sie den Menschen das Kostbarste stehlen: die Zeit."

Napoleon Bonaparte, französischer Kaiser

Der Pünktlichkeits-Grundsatz lautet deshalb: Wer nachlässig mit der Zeit anderer umgeht, ist rücksichtslos. Wobei natürlich „nachlässig" die richtige Definition braucht. Darunter fällt zum Beispiel diese Einstellung: „Ist ja nicht weiter schlimm, wenn ich mich zu spät auf den Weg mache. Ich habe schließlich mein Smartphone dabei und kann anrufen, dass ich unpünktlich sein werde." Sicher: Eine telefonische Nachricht über eine Verspätung ist allemal besser, als einen Menschen uninformiert warten zu lassen. Doch sollte diese Vorgehensweise den Ausnahmen vorbehalten bleiben, wenn trotz ausreichenden Bemühens um Pünktlichkeit unvorhersehbare Ereignisse dies zunichte machen. Mobile Telefontechnik als generellen Freifahrtschein fürs Zuspätkommen zu betrachten, fällt unter „nachlässiges Umgehen mit der Zeit anderer", also Rücksichtslosigkeit.

TIPP

Über den Daumen gepeilt

In vertrauten Geschäftsbeziehungen können Sie Zeitstress bei Verabredungen so mindern: Vereinbaren Sie direkt eine „Zwischen-und-Zeit", etwa, wenn Sie mit dem Auto anreisen. Findet eine Besprechung in der Firma einer von Ihnen besuchten Person statt, wird diese dem Vorschlag sicher gern zustimmen, wenn es in ihren Arbeitsablauf passt. Sie kann dann für diese Pufferzeit andere Tätigkeiten einplanen und verliert durch das eventuelle Warten keine Zeit. In einem solchen Fall ist die Absprache einer telefonischen Info gut: „Ich kalkuliere etwa eine halbe Stunde Stauzeit ein bei der Fahrt. Sollte das unglücklicherweise nicht reichen, melde ich mich von unterwegs."

Die für das Zuspätkommen wohl am häufigsten gebrauchte „Ich-stand-im-Stau"-Entschuldigung ist ansonsten mit Vorsicht zu genießen. Sicher: Sie kann der Wahrheit entsprechen. Jedoch selbst dann bleibt an ihr ein Makel haften. Wer geschäftlich mit dem Auto unterwegs ist, weiß: Eine staufreie Fahrt ist auf deutschen Autobahnen höchst selten geworden. Und dass auch Züge öfter Verspätung haben, sollte ebenfalls hinlänglich bekannt sein. Von einem Profi wird deshalb erwartet, dieses Wissen auch in die Planung einzubeziehen. Als Notlüge gebrauchte Stau-Ausreden haben darüber hinaus diesen Haken: „Ach, was Sie nicht sagen – Stau auf der A4? Ich bin eben aus derselben Richtung zu unserem Treffen gekommen. Von einem Stau weit und breit keine Spur." Kommentar überflüssig! Keinesfalls verzichtbar ist hingegen bei Unpünktlichkeit die Bitte um Entschuldigung an sich. Sie hilft, eventuellen Unmut zu besänftigen und zeigt Ihr ehrliches Bedauern.

Wann Unpünktlichkeit zum Karrierekiller werden kann – bei einem Bewerbungsgespräch

Ein solches ist wohl für die allermeisten Menschen eine Ausnahmesituation. Hier einige Tipps, wie Sie es gut meistern. Sie zeigen sich sowohl klug als auch höflich, wenn Sie:

- Ihre Wegzeiten mehr als großzügig kalkulieren. Pünktlichkeit ist hier oberstes Gebot, weil zu spät kommen bei einem Bewerbungsgespräch so gut wie nie verziehen wird.
- Ihre Kleidung mit Blick auf die Branche wählen (→ Seite 16ff) und großen Wert auf eine äußerst gepflegte Erscheinung legen.
- Vorher so viele Informationen über das Unternehmen einholen wie eben möglich.
- Ihr Mobiltelefon nicht nur garantiert stumm- oder ausschalten, sondern es auch unsichtbar mit sich führen. Zusatztipp: Wenn Sie es entweder direkt zu Hause oder im Auto lassen, wird die Gefahr gebannt, das Aus- oder Stummschalten wegen eventueller Nervosität zu vergessen.

- Sich beim Zusammentreffen mit der Ansprechperson auch dann mit Vor- und Zunamen selbst vorstellen, wenn Sie bereits etwa von einem Teammitglied angekündigt wurden. Mit der „Ich-bin-Form“ wirken Sie am selbstbewusstesten (→ Seite 28f).
- Abwarten, ob Ihnen bei der Begrüßung die Hand gereicht wird (→ Seite 26) und sich erst setzen, nachdem Ihnen ein Platz angeboten wurde.
- Bei der Anrede den oder die Namen sowie eventuelle akademische Grade korrekt verwenden (→ Seite 33f).
- Eine positive Körpersprache und Mimik zeigen, also weder sich „Auf-dem-Stuhl-Hinlümmeln“ noch eine Hand in der (Hosen-)Tasche versenken, jedoch ein freundliches Lächeln.
- Im Gespräch den Blickkontakt halten. Er gehört auch bei der Begrüßung dazu, ebenso bei der Verabschiedung.
- Keine Sonderwünsche äußern – „Nein, lieber einen Maracuja-Saft“ – wenn Ihnen ein Getränk – etwa Kaffee oder Mineralwasser – offeriert wird.
- Dankend ablehnen, falls Ihnen Alkoholisches oder etwas zu Rauchen angeboten wird.
- Weder auf Ihre alte oder momentane Firma schimpfen noch über Ihr derzeitiges Team herziehen.
- Auch bei der Verabschiedung nicht zuerst die Hand hinstrecken und daran denken, dass Ihr Gegenüber den Schluss des Gesprächs bestimmt.

„Wenn es überhaupt ein Rezept für den Erfolg gibt, besteht es darin, sich in die Lage anderer Menschen zu versetzen.“

Arthur Schopenhauer, deutscher Philosoph und Schriftsteller

3 Höflich zur Sprache gebracht – in Wort und Schrift

Ob gesprochen oder geschrieben: Ungeschickte, gedankenlose oder falsche Formulierungen können das „emotionale Rohr" (→ erstes Kapitel) schnell und nachhaltig verstopfen. Durch wohlüberlegte, deeskalierende Wortwahl können Sie viele Konflikte und unproduktiven Streit vermeiden. Außerdem profitiert Ihr Image davon, wenn Sie sich mit einem modernen Sprach- und Schreibstiel auf der Höhe der Zeit zeigen. In diesem Kapitel finden Sie dazu hilfreiche Tipps.

Heraus mit der Sprache! – jedoch, bitte, richtig

Das Mini-Quiz für Ihren persönlichen Schnell-Check zu den Themen Ich-Botschaften, Zuhören, Killerphrasen, Körpersprache und Small Talk:

1 Formulierungen, die ein Mensch als Angriff auf sein Selbstwertgefühl empfindet, zählen zu den Killerphrasen.

☐ richtig
☐ falsch

2 Eine komplette Ich-Botschaft besteht aus drei Teilen. Es gibt jedoch auch kürzere Ich-Aussagen, die empfehlenswert sind, weil sie Eskalationen verringern helfen.

☐ richtig
☐ falsch

3 Intensives, richtiges Zuhören wird am besten damit signalisiert, dass keinerlei Zwischenbemerkungen wie „Ach ja?“, „Hm“, „Na, so was“ oder „Nein, wirklich?“ gemacht werden.

☐ richtig
☐ falsch

4 Der Small Talk ist eine Gesprächsform, die sich nur im privaten Bereich eignet und im Berufsleben nichts zu suchen hat.

☐ richtig
☐ falsch

5 Dem gesprochenen Wort wird in der Regel mehr geglaubt als der Körpersprache.

☐ richtig
☐ falsch

Haben Sie etwas Zeit, die Antworten herauszufinden? Dann lesen Sie, bitte, das folgende Kapitel. Möchten Sie das Ergebnis lieber auf einen Blick? Dann schauen Sie einfach auf Seite 104 nach.

Ups, was ist denn nun passiert?!? – Gesprächsstörer erkennen und vermeiden

Mit ziemlicher Sicherheit kennen Sie Folgendes: Bis gerade eben noch verlief ein Gespräch für Ihr Empfinden sehr angenehm. Und nun hat sich plötzlich das Klima geändert. Es wird frostig bis eisig. Oder Sie stellen Ihrem Gegenüber eine, wie Sie meinen, völlig harmlose Frage. Doch es geht hoch, wie von der Tarantel gestochen. Oder Sie bemühen sich nach besten Kräften, eine Kollegin von Ihrer Meinung zu überzeugen. Doch statt auch nur eine Winzigkeit an Einsicht zu zeigen, verteidigt sie ihren Standpunkt immer vehementer und aggressiver. Das sind typische Situationen für die berühmten „Wieso?-Weshalb?-Warum?-Fragen". Diese lassen sich am besten beantworten, wenn erst einmal Klarheit darüber herrscht, welche unterschiedlichen Gesprächsstörer es gibt. Denn nicht immer sind es Reizwörter oder ungeschickte Formulierungen allein, die einem Gespräch die positive Basis entziehen und das „emotionale Rohr" verstopfen. Wie stets im Umgang miteinander geht es auch hier um die grundsätzliche Einstellung zu und die Bedürfnisse von Menschen. Wie wichtig dabei die Wertschätzung ist, wurde bereits beschrieben. Dazu kommt noch: Fühlt eine Person ihr Selbstwertgefühl angegriffen, entwickelt sie sofort Abwehrmechanismen. Diese können zwar unterschiedlichster Natur sein – zwischen sich verschließen, gar nichts mehr sagen über lügen bis hin zu lautem Toben –, stören jedoch immer die Kommunikation. Auch was als Angriff empfunden wird, ist verschieden. Eine Kettenreaktion bleibt allerdings unausweichlich. Wird einem Menschen die Wertschätzung entzogen oder versagt, ist das zwangsläufig eine Attacke auf sein Selbstwertgefühl. Der Grund: Sie gehört zu den tragenden Säulen für dessen Bildung und Stabilisierung. Nicht gewährte Wertschätzung – somit eine „Kampfansage" ans Selbstwertgefühl – ist es beispielsweise, wenn einer Person das Recht auf „ihre Wahrheit" abgesprochen wird. Als solche empfindet sie den eigenen Standpunkt, weil dieser nicht nur von Fakten oder äußeren Einflüssen, sondern auch von der „inneren Lebenslandkarte" geprägt wird. Bekommt sie darüber hinaus sogar noch das Gefühl vermittelt, ihr Standpunkt sei „unwahr", führt das häufig zu Sturheit oder gar Eskalation. Auslöser dafür können beispielsweise sein:

- ☹ „Aber das ist doch eine völlig falsche Sichtweise!"
- ☹ „Ich bitte Sie, so kann man das doch nun wirklich nicht darstellen!"
- ☹ „So dürfen Sie das Thema nicht betrachten!"
- ☹ „Du willst doch wohl nicht ernsthaft behaupten, dass ...?!"
- ☹ „Also, dass sehen Sie aber total falsch!"
- ☹ „Mit was für Unterstellungen operieren Sie denn da?"
- ☹ „Hast du überhaupt eine blasse Ahnung, um was es hier geht?!"

GUT ZU WISSEN

Das „Vier-Menschen-am-Tisch-Modell“

Bitte, stellen Sie sich diese Szene vor: In der Mitte eines Raumes, der nur an einer Seite Fenster hat, sitzen vier Kolleginnen an einem quadratischen Tisch. Jede an einer seiner Seiten mit Schreibarbeiten beschäftigt. Kollegin A. sagt: „Ich kann hier so nicht weiterarbeiten. Von links scheint mir die Sonne so stark aufs Papier, dass ich nichts mehr sehen kann. Bitte, zieh doch mal eine die Vorhänge zu.“ Erwidert Kollegin B., die gegenübersitzt, etwas spitz: „Du irrst. Dich kann gar nichts stören. Die Sonne kommt von rechts!“ Da lässt Kollegin C. von der dritten Seite des Tisches gereizt hören: „Nun stört doch meine Konzentration nicht mit solchen völlig sinnlosen Äußerungen. Die Sonne blendet weder von rechts noch von links. Sie kommt genau von vorne.“ Begütigend greift nun die zu ihr vis-à-vis platzierte Kollegin D. ein: „Aber nun mal halblang, Leute. Was soll denn das total überflüssige Geplänkel? Ich sehe keine Sonne.“

Zugegeben: Eine sehr simple Metapher. Doch gerade durch die Einfachheit wird klar: Jeder Mensch hat mit seinem Standpunkt (hier: Sitzpunkt) von seiner Warte aus gesehen recht. Wer nicht bereit ist, dies zu tolerieren und nicht den Willen aufbringt, die Gründe für eine andere Sichtweise zu suchen und zu akzeptieren, produziert Gesprächsstörer erster Güte. Verwenden Sie deshalb lieber Formulierungen wie:

- „Eine interessante Sichtweise, die Sie einbringen. Ich kann mich ihr spontan nicht (ganz) anschließen, weil …“
- „Ich bin überrascht von Ihrer Darstellung der Dinge. Aus diesem Blickwinkel habe ich das noch nicht betrachtet. Deshalb will ich mich erst einmal (in Ruhe) damit auseinandersetzen, ehe ich …“
- „Ich akzeptiere natürlich, dass Sie eine andere Betrachtungsweise haben als ich. Ich kann mich ihr aus diesem Grund nicht (in allen Punkten) anschließen: …“
- „Mich irritiert deine Behauptung etwas. Kann es sein (offensichtlich ist es so), dass mir bestimmte Hintergrundinformationen oder Kenntnisse fehlen, damit ich sie nachvollziehen kann?“

Solche Sätze drücken die Akzeptanz für die „andere Wahrheit“ sowie die Wertschätzung des individuellen Standpunkts und somit auch die für den jeweiligen Menschen aus.

„Wenn es ein Geheimnis des Erfolges gibt, dann ist es das: den Standpunkt des anderen zu verstehen und die Dinge mit seinen Augen zu sehen.“

Henry Ford, amerikanischer Industrieller und Erfinder

Weitere Gesprächsstörer, die ebenfalls schnell als Angriff auf das Selbstwertgefühl empfunden werden, sind zum Beispiel diese:

→ **Beleidigendes und Abwertendes**

Unter Beleidigungen fallen nicht nur Schimpfwörter, die sowieso tabu sein sollten. Auch Sätze wie die folgenden werden am besten ersatzlos gestrichen:

- „Das können Sie doch überhaupt nicht beurteilen."
- „Ja, merken Sie denn gar nicht, was für einen Schwachsinn Sie hier verbreiten?"
- „Wenn Sie doch bloß erst mal das Gehirn einschalten würden, ehe Sie den Mund aufmachen!"
- „Denken Sie etwa, Sie können mich für dumm verkaufen?"
- „Sie schon wieder mit Ihrer ewigen Uraltleier!"

→ **Befehle**

Damit sind nicht nur barsche, knappe Äußerungen gemeint. Es gibt auch sachlich oder gar freundlich formulierte Befehle, die in der Regel „Anweisungen" oder „Aufforderungen" genannt werden. Doch auch sie setzen die „befehlsempfangende" Person unter Druck und mindern das Selbstwertgefühl, wenn die Möglichkeit des Sich-Wehrens als schwierig oder gar ausgeschlossen erscheint (was in hierarchischen Abhängigkeiten oft der Fall ist). Beispiele:

- „Diesen Brief schreiben Sie gefälligst noch einmal. So geht der mir nicht raus!"
- „Ich erwarte, dass der Bericht spätestens morgen früh um elf auf meinem Schreibtisch liegt!"
- „Fahr gefälligst nicht so schnell!"

→ **Herunterspielen und bagatellisieren**

Wird einer Person die „Aber-das-ist-doch-gar-nicht-schlimm"-Sichtweise übergestülpt, bedeutet das im Klartext: Ihr wird „ihre Wahrheit" abgesprochen. Beispiele:

- „Ach, du bist einfach zu empfindlich. Es ist doch gar nicht schlimm, wenn der Chef so mit dir redet. Das tut er doch mit allen anderen ganz genauso."
- „Aber so wichtig kann es doch gar nicht sein, dass Sie die Antwort bis nächste Woche haben möchten."
- „Stell dich doch nicht so an. Ist doch alles nur halb so schlimm!"

→ **Andere „sich dumm" fühlen lassen**

Ob es sich um „Fachchinesisch", Fremdwörter, unverständliche Abkürzungen, unbekannte Sprachen oder mundartliche Ausdrücke in anderen Regionen handelt: Wer nicht in der Lage ist, das Gesprochene inhaltlich zu verstehen, fühlt sich „dumm" – ein Selbstwertgefühl-Angreifer erster Güte. Wählen Sie deshalb Ihre Formulierungen, bitte, immer so, dass andere Ihre Aussagen ohne Schwierigkeiten verstehen können.

„Das ist ja unter aller Kritik!“ – konstruktiv statt destruktiv bemängeln

Eines ist klar: Der Umgang mit negativer Kritik ist sehr individuell. So mancher Mensch hat selbst bei der konstruktiven Form daran zu „knacken“, sie anzunehmen. Doch wer klug ist, erkennt: Eine Beurteilung ist immer auch eine Chance zur persönlichen Verbesserung, zur positiven Veränderung, Fortentwicklung und Vervollkommnung. Diese Perspektive eröffnet sich dann am besten, wenn die Grundregeln konstruktiver Kritik beachtet werden.

1. **Sie findet unter vier Augen statt**
   Eine der größten „Umgangsformen-Sünden“ ganz allgemein ist, einen Menschen vor anderen bloßzustellen. Das ist Selbstwert-Attacke und Gesichtsverlust in einem. Deshalb findet konstruktive Kritik nie vor der Kundschaft oder im Teamkreis statt. Ausnahme zu Letzterem: Wenn die Beanstandung eine ganze Arbeitsgruppe betrifft.
2. **Sie wird zeitnah geäußert**
   „Ach, übrigens: Was ich Ihnen schon seit Monaten sagen wollte …“ Die so angesprochene und im Folgenden kritisierte Person wird daraus den Schluss ziehen: „Na, so besonders wichtig kann es ja wohl nicht sein, was da bemängelt wird!“
3. **Sie ist sachbezogen und nie persönlich verletzend**
   „Sie Trottel, wie lange wollen Sie denn noch dafür brauchen?!?“ „Sie sind doch völlig unfähig, Ihr Team zu führen!“ Das sind Beispiele für verletzende, persönliche Angriffe und zudem völlig unkonkret und somit unbrauchbar. Besser: „Wir bekommen Lieferschwierigkeiten, wenn diese Arbeit nicht bald fertig ist. Was ist der Grund, dass sie so lange dauert?“ „Offensichtlich stimmen wir in unseren Ansichten über Führungsstile nicht überein. Ich lege Ihnen gern noch einmal dar, welche Prioritäten mir wichtig sind.“
4. **Sie ist detailliert statt verallgemeinernd**
   „Ihr Benehmen der Kundschaft gegenüber ist schlecht.“ „Ständig machen Sie Fehler!“ „Nie kann man sich auf Sie verlassen!“ „Keiner versteht, wie Sie das meinen.“ Pauschalierungen wie „stets“, „immer“, „nie“, „ständig“, „alle“, „keiner“, „jemals“ oder „jedes Mal“ sind wohl kaum jemals – statt: nie! – wahr. Schon wegen der Übertreibung wirken sie unglaubwürdig. Und was ist unter „Ihr Benehmen“ zu verstehen? Das können zig Detailpunkte sein. Besser: „Ich habe beobachtet, dass Sie häufig vergessen, die Kundschaft zu grüßen. Bitte, achten Sie ab sofort darauf, dies zu tun. Es gehört nun einmal zur guten Pflege unserer Klientel unbedingt dazu.“ „Ich erlebe es jetzt zum dritten Mal in dieser Woche, dass es Fehler bei

... gibt.“ „Es ist für mich extrem wichtig, dass ich mich nicht nur partiell, sondern grundsätzlich auf meine Teammitglieder verlassen kann. Deshalb ...“ „Ich habe Schwierigkeiten nachzuvollziehen, wie Sie das meinen. Und ich denke, das geht auch anderen so.“

5. **Sie verzichtet auf Ironie oder Sarkasmus**
„Na, wie Sie das wieder hingekriegt haben, verdient ja einen Sonderpreis.“ „Wenn sich alle ein Beispiel an Ihrem Arbeitstempo nehmen würden, hätten wir wohl bald die Drei-Tage-Woche einzuführen.“ Ironie und Sarkasmus sind nicht nur in Kritikgesprächen, sondern ganz allgemein Gesprächsstörer. Sie können verletzend sein oder – was der Sache auch nicht dienlich ist – gar nicht verstanden werden.

6. **Sie stützt sich auf geprüfte Sachverhalte**
„Mir ist zugetragen worden, dass Sie gestern ...“ „Dann wurde Ihnen etwas Falsches erzählt. Ich war dafür gar nicht zuständig.“ Das ist für die kritisierende Person doppelt peinlich. Erstens wurde der Sachverhalt nicht geprüft. Zweitens fehlt offensichtlich das Wissen über betriebliche Abläufe. So etwas ist besonders blamabel für Führungskräfte.

7. **Sie baut auf Ich-Botschaften** (→ Seite 61ff) und **vermeidet Killerphrasen** (→ folgende Beispiele).

Killerphrasen – wen töten sie eigentlich?

Im harmlosesten Fall die Reaktionsfähigkeit der Person, der sie um die Ohren gehauen werden. Doch selbst das kann bereits negative Auswirkungen auf die Kommunikation zwischen zwei Menschen haben. Die meisten ärgern sich nämlich dauerhaft, wenn sie auf diese Weise schachmatt gesetzt wurden. Je nach Situation sind die Auswirkungen von Killerphrasen sofort „mörderischer“: Sie töten unter Umständen

- → die Bereitschaft, das Gespräch fortzuführen,
- → die Motivation, neue Ideen zu entwickeln,
- → die Möglichkeit, freundlich und sachlich zu bleiben,
- → den Willen, ruhig zu bleiben oder zu werden,
- → die Triebfelder, weiter die volle Arbeitsleistung einzusetzen,
- → die Kaufbereitschaft (im Kundschafts-Verhältnis),
- → den Wunsch nach weiterer Kommunikation mit einer Person, die oft Killerphrasen gebraucht.

Diese Aufzählung beweist: Der Begriff „Killerphrase“ – mag er auch überzogen wirken – hat seine Berechtigung. Alles, was darunter fällt, vergiftet die Kommunikation und kann zum Beispiel eine neue Geschäftsverbindung verhindern. So unterschiedlich die verschiedenen „Killerphrasen-Kategorien“ auch sind, eines haben sie gemeinsam: Sie können bei den Hörenden als Angriff ankommen – auf die Kompetenz, die Eigenständigkeit, die Klugheit, die Arbeitsleistung und anderes. Summa summarum also wieder als „Beschuss“ des Selbstwertgefühls und als „Rohrblockierer“ der emotionalen Ebene. Dabei ist es sowohl von der momentanen Befindlichkeit (→ Grenzen, Seite 11f) als auch vom Typ eines Menschen abhängig, wie stark sich der „Killer-Effekt“ auswirkt. Ein autoritärer Typ (auch hierarchischer genannt) kann schon Rot sehen, wenn ihm ein gut gemeinter Rat erteilt wird: „Ich lege Ihnen nahe/rate Ihnen …“ Oder: „Ich an Ihrer Stelle würde …“ Der Grund: Er teilt die Menschheit in zwei Kategorien ein: solche, die unter ihm, und jene, die über ihm stehen. (Dass es auch eine Gleichstellung geben könnte, zieht er gar nicht in Betracht.) Und aus diesem „Weltbild“ entsteht die zwingende Schlussfolgerung: „Wer mir etwas rät, steht über mir. Denn wenn jemand einen Rat braucht, ist er in der hierarchischen Ordnung tiefer, weil abhängig.“ Also empfindet er einen Ratschlag als Angriff auf seinen Status.

Natürlich spielen sich solche „Abläufe“ im Unbewussten ab – ebenso wie bei den gerade im Berufsleben sehr häufig gebrauchten „Sie-müssen-Killerphrasen“. Sie lösen bei den meisten Erwachsenen intuitiv Koppelungen an unliebsame Kindheitserfahrungen aus. Wie oft ein Mensch im Laufe seiner Erziehung das „du musst …“ als Ungerechtigkeit, Zwang oder Unterlegenheit empfunden hat, wissen Sie vermutlich aus eigener Erfahrung. Dazu kommt: Jedes „Muss“ schränkt die Entscheidungsfreiheit ein. Darauf reagieren viele Menschen äußerst empfindlich, auch wenn ihnen nicht bewusst ist, dass dies ihr Selbstwertgefühl angreift. Hier eine Übersicht der am meisten gebrauchten „Müssen-Killerphrasen“:

- ☹ „Da müssen Sie mal dahinten im Gang neben den Putzmitteln suchen.“ (nach der Frage etwa in einem Supermarkt, wo etwas zu finden ist)
- ☹ „Sie müssen mit längeren Lieferfristen rechnen.“ (während einer Auftragsverhandlung)
- ☹ „Sie müssen warten, bis Frau Schulze Zeit hat.“ (am Telefon oder im Geschäft zur Kundschaft)
- ☹ „Da müssen Sie es schon später noch mal versuchen. Herr Schröder ist in einer Besprechung.“ (bei einem Anruf)
- ☹ „Das müssen Sie aus einem anderen Blickwinkel sehen.“ (zu einem Teammitglied oder im Verhandlungsgespräch)
- ☹ „Sie müssen sich jetzt entscheiden.“ (um etwa eine Kundin zum Kauf zu drängen)
- ☹ „Das müssen Sie doch verstehen!“ (um zu einer Einsicht oder Erkenntnis zu bewegen)

TIPP

„Sie müssen schon entschuldigen, aber …"

Diese Form eines „Entschuldigung-Versuchs" ist – deutlich gesagt – eine Frechheit. Natürlich ist es immer angebracht, zu einem Versehen oder Fehler zu stehen, indem Abbitte geleistet und um Verständnis gebeten wird. Doch dies kann nur dann einen positiven, versöhnenden Effekt haben, wenn es in angemessener Form, mit deutlich spürbarer Ehrlichkeit und der richtigen Wortwahl überbracht wird. Letzteres bedeutet, um Entschuldigung zu bitten, statt „sich zu entschuldigen". Der Grund: Nur die Person, der ich etwas Unangenehmes angetan habe, kann diese „Schuld" von mir nehmen, nicht ich selbst. Und ihr zu unterstellen, sie „müsse" dies tun oder die Bitte um Verzeihung annehmen, steht den erhofften positiven Auswirkungen diametral entgegen.

Die meisten „Sie-müssen-Killerphrasen" sind bereits durch die Verwendung eines der berühmten „Zauberwörter" bitte und danke aus der Welt zu schaffen. Zusätzlich helfen Positiv-Formulierungen:

- ☺ „Die Ware finden Sie im Gang neben den Putzmitteln. Ich komme gerade mit und zeigen Ihnen, wo sie ist." Oder, wenn das arbeitsbedingte Abläufe nicht zulassen: „Bitte, schauen Sie im Gang neben den Putzmitteln nach. Dort finden Sie die gewünschte Ware."
- ☺ „Wir terminieren die Lieferzeit so kurz wie möglich. Spätestens in der … Kalenderwoche bekommen Sie die Ware."
- ☺ „Bitte, haben Sie einen Augenblick Geduld. Frau Schulze hat gleich Zeit für Sie."
- ☺ „Versuchen Sie es doch, bitte, später noch einmal. Oder darf ich Ihnen einen Rückruf anbieten, wenn Herr Schröder wieder am Platz ist?"
- ☺ „Wenn Sie sich jetzt direkt entscheiden, haben Sie diesen Vorteil: …"
- ☺ „Bitte, betrachten Sie die Sache doch auch einmal aus einem anderen Blickwinkel."
- ☺ „Ich bitte Sie (sehr), dieses Versehen zu entschuldigen."

Es gibt eine berufliche Situation die besonders „Killerphrasen-anfällig" ist: die Reklamations-Annahme. Wer auf diesem Gebiet nicht bestens geschult ist, fällt schnell einem – zwar verständlichen, jedoch völlig verkehrten – Reflex zum Opfer: der Selbstverteidigung. Und solche Fehlreaktionen hören sich dann beispielsweise so an:

- ☹ „Aber das kann doch gar nicht sein!"
- ☹ „Da müssen Sie wohl mit dem Gerät was falsch gemacht haben!"
- ☹ „So etwas ist bei unseren Produkten völlig ausgeschlossen!"
- ☹ „Da sind Sie aber die erste Kundin, die so etwas behauptet!"
- ☹ „Das stimmt nicht, Herr Kaymak."
- ☹ „Mit der Bedienungsanleitung kommt doch jeder Mensch zurecht!"
- ☹ „Ja, das behaupten Sie! Aber …"
- ☹ „Dafür kann ich doch nichts!"

Was haben alle diese – und es gibt jede Menge weitere! – Killerphrasen gemeinsam? Sie unterstellen Reklamierenden: „Sie haben selbst Schuld!“, „Sie sind unfähig!“ oder gar: „Sie lügen!“ Wie „tödlich“ das für eine Kundschafts-Beziehung ist, bedarf wohl keiner Erklärung. Zeigen Sie besser Verständnis für die missliche Lage, den Ärger, die zusätzliche Zeitbelastung. Beispiele:

- ☺ „Ich kann Ihren Ärger gut nachvollziehen.“
- ☺ „Ich würde mich darüber auch ärgern, wenn ich an Ihrer Stelle wäre.“
- ☺ „Selbstverständlich leite ich Ihre Reklamation sofort an die Herstellerfirma weiter.“
- ☺ „Ich kann mich sehr gut in Ihre Lage versetzen und nachempfinden, wie unerfreulich die Sache für Sie ist.“
- ☺ „Ich kann gut nachvollziehen, warum Sie doppelt verärgert sind: Erst der Fehler bei der Ware und dann auch noch der Zeitverlust durch den weiten Weg, den Sie in Kauf zu nehmen hatten.“

„Ich würde sagen …“ – von guten und schlechten Ich-Aussagen

Wie oft – nicht nur im Berufsleben – eine Aussage mit: „Ich würde sagen …“, „Ich würde meinen …“ beginnt, ist statistisch nicht belegbar. Aber die Zahl bewegt sich vermutlich täglich in Millionenhöhe. Diese Formulierungen sind eng mit dem „Man-Stil“ verwandt: „Man meint …“, „Man sagt …“, „Man denkt …“, „Man sollte …“ Ebenfalls immer wieder gern gesagt und überall zu hören.

Aus psychologischer Sicht verbirgt sich dahinter der (unbewusste) Wunsch, nicht konkret Stellung zu beziehen und sich nicht festzulegen, was auch bestens funktioniert: „Aber meinten Sie nicht vorhin, dass …? „Aber nein, ich habe doch nur eine allgemeine Meinung wiedergegeben!“ Dieser „Man-Stil“ kann auch aus Angst entstehen, etwas Falsches zu sagen, also Ausdruck von Unsicherheit sein. Allein dies ist ein triftiger Grund, ihn sich abzugewöhnen und so viel kompetenter und selbstbewusster zu wirken. Das gilt ebenso für die „Ich-würde“-Formen, die außerdem noch diesen Haken haben: Strenggenommen hätten (bitte, beachten: Dies ist ein richtig angewendeter Konjunktiv, da Irrealität ausgedrückt werden soll!) alle, die einen Satz so beginnen, danach zu verstummen. Doch jeder „Ich-würde-sagen-Typ“ redet weiter, sagt also das, was er sagen will, statt dass er es nur gesagt hätte und führt somit den Konjunktiv ad absurdum. Mit Aussagen wie: „Ich denke …“, „Ich meine …“, „Ich sage …“ beziehen Sie nicht nur klar Stellung und zeigen so mehr Selbstsicherheit. Sie haben damit auch die optimale Grundlage, um Ich-Botschaften zu formulieren (→ nächste Seite).

TIPP

„Höflichkeits-Konjunktive“

Solche, auch „Demuts-Konjunktive“ genannt, wie: „Ich möchte Sie bitten ...“, „Ich möchte Ihnen danken ...“ bedeuten genau genommen, dass ein Vorhaben gar nicht in die Tat umgesetzt wird. Moderner, klarer und genauso höflich sind die Formulierungen: „Ich bitte Sie ...“, „Ich danke Ihnen (sehr herzlich) für ...“ Das als Ersatz für „wollen“ indikativisch gebrauchte „möchte“ kann allerdings manche Formulierungen weniger hart erscheinen lassen. „Ich will, dass Sie den Gäste-Empfang optimieren!“, ist mehr Befehlsform als: „Ich möchte, dass Sie ...“

Der Vorteil von Ich-Botschaften

Um es vorweg klar zu stellen: Eine direkte Sie-Ansprache ist mündlich wie schriftlich oft die empfehlenswerteste Lösung. „Sind Sie mit dem Ergebnis des Meetings zufrieden, Frau Meister?“ „Hoffentlich hatten Sie eine angenehme Anreise, Herr Wolters.“ „Sehr geehrte Frau Rühle, Sie baten um Prospektmaterial ...“ Das sind nur einige Beispiele für förderliche „Sies“. Hinderlich werden diese in Sie-Botschaften (so sind die sonst als „Du-Botschaften“ bekannten Negativ-Formulierungen in Sie-Beziehungen genau genommen zu bezeichnen) wie „Sie sagen immer ...“, „Sie haben mich verletzt“, „Sie meinen doch wohl nicht, dass ...“, „Sie sollten besser mal ...“, „Warum haben Sie ...?“, „Was haben Sie sich denn dabei gedacht?“, „Wieso kommen Sie erst jetzt?“. Solche Formulierungen können schnell als Angriff, Herabsetzung, Tadel, Ablehnung oder Missachtung empfunden werden. Ich-Botschaften hingegen sind konfliktmindernd und deeskalierend. Sie bestehen aus einer dreiteiligen Mitteilung, wobei die Reihenfolge variabel ist:

- ➔ welches Verhalten konkret gemeint ist,
- ➔ welches Gefühl dadurch auslöst wird, und zwar möglichst präzise,
- ➔ welche Auswirkungen es haben kann oder warum eine Änderung gewünscht wird beziehungsweise ein möglicher Lösungsvorschlag.

Wie sich eine konfliktfördernde Sie-Aussage in eine Ich-Botschaft umwandeln lässt, sehen Sie an diesem Beispiel:

- ☹ „Sie sind derartig aggressiv, dass mit Ihnen ja gar nicht mehr vernünftig zu reden ist. Werden Sie gefälligst mal wieder sachlich.“ Mit ziemlicher Sicherheit wird die so angesprochene Person hochgehen wie das sprichwörtliche HB-Männchen: „Iiiich aggressiiiiv?!?!! Überhaupt nicht!!!“
- ☺ „Ich empfinde Ihren Ton im Augenblick als so aggressiv, dass ich mich nicht in der Lage sehe, das Gespräch ruhig und sachlich weiterzuführen. Ich schlage eine kurze Pause vor, damit wir danach in entspannter Atmosphäre weiterreden können.“

Mit einer solchen Ich-Botschaft unterstellen Sie Ihrem Gegenüber nicht, aggressiv zu sein. Es braucht sich also nicht zu wehren. Dem „Ich empfinde ...“ ist genau genommen gar nichts entgegenzusetzen, weil es „Ihre eigene

Wahrheit“ ist. Und selbst, wenn trotzdem ein Widerspruch wie: „Dann empfinden Sie offensichtlich falsch!“ kommt, wird die Situation sich entspannen. Vorausgesetzt, Sie lassen sich nicht provozieren und kontern nun nicht etwa so: „Wie können Sie behaupten, dass mein Empfinden falsch ist?!?!“, sondern bleiben auf der „Ich-Linie“, zum Beispiel mit: „Dann liegt es wohl an mir, dass ich die Situation als angespannt empfinde. Also lassen Sie uns, bitte, für mich eine kurze Pause einlegen.“

Auch kürzere Formulierungen mit „ich“ – sie können Ich-Aussagen genannt werden – wirken sich positiv auf die Kommunikation aus. Einige Beispiele:

☺ „Ich habe mich offensichtlich gerade etwas unklar ausgedrückt.“
☹ Statt: „Sie haben mich völlig falsch verstanden!“
☺ „Ich fühle mich zurückgesetzt.“
☹ Statt: „Du bist egoistisch.“
☺ „Ich rege mich darüber auf, dass …“
☹ Statt: „Sie regen mich auf mit …“
☺ „Ich sehe die Sache von diesem Standpunkt aus: …“
☹ Statt: „Das dürfen Sie so nicht sehen.“

„Soll ich mir das etwa bieten lassen?!?“ – Konfliktgespräche entschärfen

Wenn Sie alle bislang erwähnten Gesprächsstörer vermeiden, werden viele Konflikte gar nicht erst auftauchen. Trotzdem gibt es natürlich Situationen, in denen andere sich nicht an die Fairness halten und Sie beleidigen, zu Unrecht kritisieren oder zu provozieren versuchen. Natürlich haben Sie das Recht, sich dann zu wehren. Ja, manchmal ist es sogar geradezu Pflicht, die eigenen Grenzen aufzuzeigen, um „Dauerstress“ im Arbeitsalltag zu vermeiden – und zwar frühzeitig! Doch oberstes Gebot dabei ist: Gelassen bleiben, einen ruhigen Tonfall beibehalten, die Provokation nicht mit gleicher Münze heimzahlen. Setzen Sie am besten auch dann vorrangig auf Ich-Botschaften und -Aussagen. Einige Beispiele:

☹ Statt: „Wieso greifen Sie mich in diesem Ton an?“
☺ „Ich fühle mich durch diesen Ton angegriffen.“
☺ Statt: „Ihre Kritik ist völlig unqualifiziert und verletzend.“
☺ „Ich empfinde diese Art der Darstellung als äußerst unfair und persönlich verletzend.“
☹ Statt: „Sie beleidigen mich mit diesen Schimpfwörtern!“
☺ „Ich finde es sehr schade, wenn Diskussionen auf diesem Niveau und mit Schimpfwörtern geführt werden. Ich halte das für unangemessen und fühle mich außerdem von solchen Ausdrücken persönlich angegriffen und beleidigt.“

Bei unsachlichen oder unfairen Angriffen können Sie Gegenfragen – sonst, bitte, sparsam verwenden – als eine gute Abwehrstrategie einsetzen, etwa bei Verallgemeinerungen. Beispiel:

- „Sie haben ja schon wieder mal eine Arbeit nicht rechtzeitig erledigt!“

Mögliche Gegenfragen:

- „Welche Arbeit meinen Sie, bitte, genau?“
- „Was wäre Ihrer Meinung nach rechtzeitig gewesen?“
- „Worauf beziehen Sie, bitte, das ‚wieder mal‘?“

Bitte, nicht nur die Ohren spitzen – richtiges Zuhören

„Andere im Gespräch ausreden lassen“ zählt nicht nur zu den wichtigsten Höflichkeits-Maximen, sondern ist auch eine unerlässliche Bedingung für richtiges Zuhören. Der Grund: Es funktioniert nur, wenn Sie vollständige Informationen erhalten. Und das wäre unmöglich, wenn anderen das Wort abgeschnitten würde. „Richtiges“ Zuhören – was ist das eigentlich? Kommunikations-Profis unterscheiden zwischen verschieden Intensitäts-Stufen. Mögliche Unterteilung: „Hören“ als schlechteste Qualität; „Hinhören“ als etwas besser, jedoch nicht ausreichend; „Zuhören“ als wiederum etwas günstiger, aber immer noch nicht optimal und „aktives Zuhören“ als die beste Stufe. Ein Alltagsbeispiel: Sibylle erzählt ihrer Kollegin Renate: „Mensch du, stell dir bloß mal vor, was die Chefin mir gerade alles noch an Arbeit aufgebrummt hat. Sie verlangt, dass ich die Präsentation am Freitag übernehme und bis dahin auch noch die Zusammenstellung der Überstunden und Urlaubsgesuche fertig mache. Dass ich seit gestern wegen Cornelias Krankheit sowieso schon doppelt zu arbeiten habe, scheint sie zu vergessen. Ich hab' mich auch gar nicht getraut, was zu sagen.“ Sybilles Ton klingt mutlos, ihre Körpersprache wirkt schwach, sie scheint den Tränen nah zu sein. Ihre Kollegin Renate reagiert mit:

- **Hören:** „Was sagst du? Hast viel Arbeit? Schade für mich. Ich wollte dich nämlich fragen, ob ich heute Nachmittag das Telefon auf dich umstellen kann. Ich will nämlich eher gehen.“
- **Hinhören:** „Na, hört sich wirklich nach strammem Programm an. Wirst wohl ohne Überstunden nicht auskommen.“
- **Zuhören mit spiegelnder Rückmeldung:** „Was? Präsentation übernehmen, Überstunden-Liste und Urlaubsgesuche fertig machen und das alles bis Freitag, wo du sowieso schon Cornelia zu vertreten hast? Also, manchmal kann ich wirklich nicht nachvollziehen, was die Chefin sich bei so etwas denkt. Wirst dich verdammt ranhalten müssen, um das zu schaffen.“

- **aktivem Zuhören mit interpretierender Rückmeldung:** „Es hört sich für mich so an, als ob du ziemlich ratlos oder sogar mutlos bist. Du wirkst sehr bedrückt. Hast du Bedenken, dass du nicht alles schaffen kannst? Oder belastet dich die Präsentation? Ich weiß ja, wie ungern du so was übernimmst. Oder hast du etwa gar Angst, es könnte schlimme Konsequenzen für dich haben, wenn du der Chefin sagst, dass dies alles zusammen nicht bis Freitag zu schaffen ist?"

Mit welcher Reaktion Sibylle sich am schlechtesten, weil vermutlich gar verletzt, und mit welcher sie sich am meisten wertgeschätzt fühlt, ist wohl klar. Aktives Zuhören bedeutet: Sie versetzen sich in die andere Person hinein; entwickeln Einfühlungsvermögen – Empathie – in ihre Einstellung und Sichtweise; „hören" auch „zwischen den Zeilen", beziehen also Körpersprache sowie Stimme ein und teilen die eigene Beobachtung mit. Das ermöglicht es Ihrem Gegenüber, das Gespräch fortzusetzen, eventuell dabei Hilfsmöglichkeiten und Lösungen zu finden, sich zumindest „etwas von der Seele" reden zu können.

TIPP

Kleine Verstärker einsetzen

Denken Sie bei aktivem Zuhören, bitte, auch an verbale und nonverbale Verstärker. Streuen Sie ab und zu kurze Äußerungen ein wie: „Ich verstehe", „Ach?", „Aha", „Hm", „Na, so was!" und Ähnliches. Damit zeigen Sie zum einen Ihre volle Aufmerksamkeit. Zum anderen wird dadurch Ihr Gegenüber zum Weiterreden animiert. Das gilt ebenso für kleine nonverbale Zeichen wie ein Lächeln, Hochziehen der Augenbrauen als Ausdruck des Erstaunens, ein Schulterzucken, Kopfnicken- oder schütteln. Doch, bitte, Vorsicht bei Letzterem! Ein Kopfnicken kann als Zustimmung zum Inhalt des Gesprochenen statt als Beweis für „Ja, ich verstehe" aufgefasst werden; ein Kopfschütteln in gleicher Weise als Verneinung. Setzen Sie diese Verstärker deshalb mit Kalkül ein.

Von „richtigen" und „falschen" Ohren und Mündern

Eine riesige „Stolperfalle" beim richtigen Zuhören ist die Tatsache, dass jede verbale Botschaft mehrere Aspekte enthält, etwa den Sach-, den Beziehungs- den Selbstoffenbarungs- und den Appell-Aspekt. Eine verbale Mitteilung kann unter jedem dieser Aspekte sowohl aufgenommen als auch gesendet werden, also quasi in einem der „vier Ohren" landen und aus einem der „vier Münder" kommen. Und die „sendende" – also sprechende – Person erwartet eine dementsprechende Reaktion. Wird die Botschaft jedoch im „falschen Ohr" aufgenommen, können dadurch Konflikte entstehen. Am häufigsten passiert das zwischen Frauen und Männern, jedoch ebenso von Mann zu Mann oder von Frau zu Frau. Ein Beispiel:

Der Chef fragt seine Mitarbeiterin aus dem „Sach-Mund": „Wann haben Sie die Unterlagen für die Sitzung fertig?" Er erwartet demnach eine sachliche

Antwort wie: „Spätestens morgen früh um elf liegen sie auf Ihrem Schreibtisch.“ Die Mitarbeiterin jedoch hat auf dem „Appell-Ohr“ gehört und antwortet deshalb leicht pikiert: „Ja, ja, ich beeile mich ja schon damit.“ Dabei wollte der Chef sie gar nicht antreiben. Hätte die Angestellte die Frage im „Selbstoffenbarungs-Ohr“ aufgenommen, würde sie vielleicht so reagieren: „Haben Sie etwa Bedenken, dass ich die Unterlagen nicht pünktlich fertig stelle?“, und könnte beleidigt sein, weil der Chef ihre Qualitäten unterschätzt. Wie die Reaktion ausfiele, wenn die Frage auf das „Beziehungsohr“ getroffen wäre, hängt von dem sonstigen Verhältnis der beiden ab. Spräche der Chef zum Beispiel oft statt aus dem „Sach-Mund“ aus dem „Appell-Mund“, könnte sich das so anhören: „Bitte, Chef, Sie setzen mich pausenlos unter Druck. Ich brauche noch Zeit. Kein Mensch kann so schnell arbeiten, wie Sie das am liebsten hätten.“

Wenn Sie unsicher sind, ob Sie im „richtigen Ohr““ gehört haben, fragen Sie am besten nach. So können Sie unliebsame Missverständnisse, die durch eine „Überkreuz-Aufnahme“ entstehen, verhindern. Beispiel: „Bedeutet Ihre Frage, dass ich mich mit den Unterlagen beeilen soll oder ist es in Ordnung, wenn sie bis … fertig sind?“

INFO

Small Talk – nur Blabla oder mehr?

„Small Talk im Beruf?!? Mit solchem seichten Blabla-Gequatsche mache ich mir doch mein gutes Geschäfts-Image kaputt!“ Wer so denkt, interpretiert den Begriff falsch. Diese Art des Gesprächs ist – und zwar gerade im Berufsleben – ein wichtiges Kommunikations-Instrument. Es geht dabei keineswegs um dümmliches Blabla, sondern hierum: Es soll auf behutsame und rücksichtsvolle Art Kontakt zu Fremden aufgebaut oder bei bereits Bekannten der Boden für etwa eine Verhandlung positiv bereitet werden. Ein guter Small Talk – auch „Light Talk“ oder „Culture Talk“ genannt – schafft eine angenehme Gesprächsatmosphäre und hilft somit, Verstopfungen des „emotionalen Rohrs“ vorzubeugen. Das gelingt am besten, wenn Sie die folgenden Small-Talk-Leitlinien beachten:

- Nehmen Sie, bitte, Blickkontakt auf und schenken Sie Ihrem Gegenüber ein Lächeln.
- Stellen Sie sich gegebenenfalls vor und verbinden Sie eine eventuelle Begrüßung direkt mit einem positiven Small-Talk-Einstieg. Beispiel: „Herzlich Willkommen, Frau Fehr. Ich hoffe sehr, Sie hatten bei Ihrer Fahrt keine Probleme wegen des plötzlichen Wintereinbruchs. Als ich vorhin Nachrichten hörte, habe ich direkt an Sie gedacht, weil Sie doch erzählten, dass Sie mit dem Auto fahren würden.“
- Betrachten Sie Small Talk am besten wie ein sanftes „Ping-Pong-Spiel“: Sie werfen Ihrem Gegenüber die Gesprächsbälle so zu, dass es sie ohne Anstrengung annehmen und zurückspielen kann. Monologe erfüllen diese Spielregel nicht.

- Beherzigen Sie auch im Small Talk alles zu positiver Gesprächsführung (→ Seite 54ff) und hören Sie, bitte, auch hier aktiv zu (→ Seite 64ff).
- Wählen Sie unter Fremden unverfängliche Themen wie: Literatur, Kunst, Geschichte, Film, Theater, Konzert, Sport, Urlaubseindrücke, Hobbys, Sehenswürdigkeiten oder Besonderheiten der Umgebung, die Veranstaltung, das Gebäude beziehungsweise der Raum, die gemeinsame (berufliche) Situation, aktuelle Ereignisse (stets ohne negative Bewertungen!).
- Stellen Sie lieber offene Fragen statt geschlossener. Sonst kann ein Gespräch mühsam werden. Fragen, die mit einem Verb beginnen, führen in der Regel zu knappen „Ja-“ oder „Nein“-Antworten. Längere Ausführungen können Sie „herauskitzeln“, wenn Sie Fragen formulieren, die beispielsweise mit „Warum ...?“, „Welcher Ansicht ...“, „Was meinen Sie zu ...?“, „Wieso ...? „Woher ...?“ „Wie sollten wir Ihrer Meinung nach ...?“ beginnen.
- Vermeiden Sie unter Fremden die Small-Talk-Tabuthemen:
  Tod, Krankheit, Herkunft sowie andere ethnische Fragen, Sex, Geld und Besitz, Religion, Politik (nur in Ausnahmefällen kein Tabu), Kritik an Anwesenden sowie Schuldzuweisungen und in der Anfangsphase einer Bekanntschaft die Frage nach dem Alter sowie im Privatleben die nach dem Beruf.

„Einen Augenblick mal, bitte“ – Blickkontakt mit Augenmaß

„Ungeschrieben Gesetze“ gibt es auch beim Blickkontakt. Sie besagen: Je mehr Fremde gezwungen sind, zusammenzurücken – etwa in einem vollen Fahrstuhl – um so weniger erwünscht ist er. In einem Gespräch hingegen würden Sie sich – zumindest in unserem Kulturkreis – Minuspunkte einhandeln, wenn Sie Ihrem Gegenüber nicht in angemessener Form in die Augen schauten. Schlimmstenfalls könnte Ihnen dann sogar Unehrlichkeit unterstellt werden. Als „angemessen“ wird Folgendes empfunden: Während des Gesprächs wird der Blickkontakt von den beiden Beteiligten abwechselnd unterbrochen und wieder aufgenommen. Die zuhörende Person schaut dabei in der Regel die sprechende länger an als umgekehrt. Wer gerade redet und denkt, nimmt sich rein intuitiv die dazu notwendigen kleinen Unterbrechungen. Die übliche Richtung dabei ist, den Blick nach unten zu senken. Vermutlich kennen Sie diese irritierende Situation: Ihr Gegenüber löst plötzlich den Blickkontakt, indem es nach oben schaut. Unwillkürlich drängt sich dann der Verdacht auf, da oben sei irgend etwas Ungewöhnliches, gar Gefahr. Und mit ziemlicher Sicherheit schauen Sie dann auch schnell dorthin. Diese Art des Wegschauens eignet sich allerdings in einer speziellen Situation: Wenn eine Person versucht, Sie mit einem extrem lange gehaltenen Blickkontakt zu dominieren. Ein Verhalten, das gerade im Berufsleben öfter vorkommt als es sollte. Würden Sie dann den Blick wie sonst üblich nach unten senken, hätte die

TIPP

Unterschiedliche Dauer

Zu Beginn einer Kontaktaufnahme ist es empfehlenswert, die Dauer des Blickkontakts auf etwa drei Sekunden zu beschränken. Im Verlauf des Gesprächs werden auch länger gehaltene Blicke über zirka zehn Sekunden als positiv bewertet. Was darüber hinaus geht, kann schnell als Anstarren, zu viel Intimität oder als Dominanzgehabe empfunden werden.

Dominanzperson „gewonnen“ und stufte Sie triumphierend als „unterlegen“ ein.

Stumme Signale, die Bände sprechen – Körpersprache

Bitte, stellen Sie sich folgende Situation vor: Sie sind zu Ihrer Vorgesetzten gerufen worden, um ihr ein von Ihnen erarbeitetes Konzept vorzustellen. Während Sie es erläutern, sucht Ihre Vorgesetzte in irgendwelchen Papieren herum, nimmt keinen Blickkontakt mit Ihnen auf und beschäftigt sich nebenbei noch mit dem Laptop. Als Sie irritiert verstummen, sagt sie: „Ja, reden Sie nur ruhig weiter. Es interessiert mich brennend, was Sie da ausführen.“ Könnten Sie das glauben? Wohl kaum. Stimmen Gesprochenes und Körpersprache nicht überein, schrillt sofort die Alarmglocke: „Vorsicht – da passt was nicht!“ Bei solchen sogenannten Double-Bind-Kommunikationen, auch als „inkongruente Kommunikation“ bezeichnet, wird intuitiv der Körpersprache mehr geglaubt als den Worten. Ebenso unbewusst stellt sich zwischen Menschen, die sich gut verstehen, oft eine Übereinstimmung der Haltung, Gestik oder Mimik ein. Sie sind im „Rapport“, wie es in der Fachsprache genannt wird, bewegen und verhalten sich symmetrisch oder spiegelbildlich.

Sie können eine positive Kontaktaufnahme und -weiterführung unterstützen, indem Sie ganz bewusst Rapport herstellen. Zum einen gelingt Ihnen das mit Hilfe der Körpersprache, und zwar durch das Spiegeln von beispielsweise Haltung oder Gestik. Doch, bitte, Vorsicht: Wenn dieses Verhalten nicht authentisch wirkt, verkehrt sich der Effekt ins Negative, weil das Reflektieren dann als „Nachäffen“ empfunden wird! Zum anderen schaffen Sie es auch beispielsweise durch das Angleichen von Stimmlichem wie Lautstärke und Sprechgeschwindigkeit, Rapport herzustellen.

Vorteilhafte stumme Signale können Sie auch bereits bei einer Begrüßung senden, wenn Sie Geschäftsgäste empfangen. Zeigen Sie Entgegenkommen – und zwar im ursprünglichen körperlichen Sinn. Beispiel im Büro: Gehen Sie einem Gast bis mindestens zur Mitte des Weges zwischen Tür und Schreibtisch entgegen, wird er das als Ausdruck Ihres Wunsches nach einer partnerschaftlichen Begegnung empfinden. Bleiben Sie hingegen hinter Ihrem Schreibtisch, wäre dieses Gleichgewicht gestört. Außerdem würde das sofort eine weitere ungünstige körpersprachliche Aussage nach sich ziehen: einen Handschlag über das Möbelstück hinweg. Dies wäre ein deutliches Indiz für

Ihr Bestreben, eine größere Distanz einzuhalten, als es hierzulande bei einer Begrüßung üblich ist. Dass solche nonverbalen Aussagen „bestens“ geeignet sind, eine Verstopfung des „emotionalen Rohrs“ zu begünstigen, liegt auf der Hand.

TIPP

Das „Begleit-Wertschätzungs-Signal“

Wollen Sie einem Gast besondere Wertschätzung zeigen, praktizieren Sie am besten das „ungeschriebene Gesetz“ des Gäste-Empfangs: Je weiter Sie ihm auf Ihrem Terrain entgegenkommen, als umso wichtiger eingestuft fühlt er sich. Sie gehen ihm statt nur bis zur Mitte Ihres Büros – Minimum-Höflichkeit – bis zur Tür, bis zum Fahrstuhl auf der Etage, bis zur Information (zum Eingang), bis zum Parkplatz entgegen. Bei auswärtigen Gästen beginnt das Terrain bereits am Bahnhof oder Flugplatz. Selbstverständlich können solche „Eskorte-Aufgaben“ an Teammitglieder delegiert werden. Diese Signale der Wertschätzung werden bei der Verabschiedung übrigens genauso empfunden. Mit einer Ausnahme: Die kürzeste gemeinsam zurückgelegte Strecke sollte dann bis zur Bürotür führen.

Sich mit Körpersprache zu beschäftigen, und dadurch sowohl förderliche Signale zu senden als auch die von anderen empfangenen richtig aufzunehmen, ist sehr empfehlenswert. Doch nur unter dieser Bedingung: Die Auseinandersetzung mit dem Thema geschieht intensiv statt à la „Blitz-Schulung“ nach dem Motto: „Zeige mir, wie du sitzt, und ich sage dir, was du denkst.“ Auch die weit verbreitete Auffassung: „Diese Geste bedeutet garantiert, dass …“ ist gefährlich, weil solche Interpretationen meistens zu Fehldeutungen führen. Ein Beispiel: Verschränkt ein Mensch die Arme vor dem Körper, wird das oft als untrügliches Zeichen dafür bewertet, dass er sich vor seinem Gegenüber verschließt, sich innerlich von ihm abwendet. Doch diese Auslegung kann völlig falsch sein. Möglichweise soll diese Geste lediglich etwas die Bequemlichkeit fördern oder die entsprechende Person möchte sich ein bisschen Wärme verschaffen, weil sie friert. Fehlinterpretationen können sich nicht nur als Störfaktor auswirken und eklatante Missverständnisse auslösen, sondern sogar zu beruflichen Fehlschlägen führen. Beschäftigen Sie sich deshalb, bitte, mit der Körpersprache nach dem Motto: „Ganz oder gar nicht.“

Ein Platz an der Sonne – Spielräume und Raumspiele

Auch Sitzpositionen können Auswirkungen auf die Kommunikation haben. Würden Sie zum Beispiel bei einer Geschäftsverhandlung Ihrer „Gegenpartei“ einen Platz anbieten, auf dem sie die Sonne blendet, wäre das äußerst unfair. Ist die Mimik anderer im Gespräch nicht zu sehen, wird das – zu Recht – als Nachteil empfunden. Dieser Effekt tritt übrigens bereits unabhängig von Sonneneinwirkung durch eine Sitzverteilung ein, bei der Sie sich mit dem Rücken zum Fenster positionieren und Ihrem Gast den Platz gegenüber anbieten.

Apropos gegenüber: Dieses Arrangement ist eine mögliche Konfrontation fördernste, zum Beispiel auch am Schreibtisch.

Günstiger ist eine Über-Eck-Position. Optimal ist natürlich ein runder Besprechungstisch, den es vielfach inzwischen auch als Anbauteil an einen Schreibtisch gibt. Wobei die separate Besprechungsecke beziehungsweise ein extra Raum nach wie vor das Nonplusultra ist. Empfangen Sie eine Geschäftsdelegation mit Teilnehmenden unterschiedlicher Rangstufen, gilt wie bei einer Tischordnung beim Essen (→ Seite 92): Die wichtigsten Personen werden zu Ihnen gesetzt. Und, bitte, denken Sie immer daran, Kommenden die Plätze anzubieten. Ein höflicher (Geschäfts-)Gast weiß, dass er sich erst dann hinsetzen soll, wenn Sie ihm dafür grünes Licht gegeben haben.

Zu großer Form auflaufen – Präsentationen und Vorträge

Das A und O für perfektes Auftreten, zum Beispiel bei Vorträgen, ist die gute Vorbereitung. Hier die wichtigsten Fragen, die Sie sich am besten vorab beantworten:

1. „Für welchen Personenkreis werde ich aus welchem Anlass über was reden?" Das hilft Ihnen, den richtigen Sprachstil zu finden.
2. „Welche Art der Veranstaltung soll es sein? Gesprächsrunde, Präsentation, Vortrag, Diskussion?" Danach suchen Sie zum Beispiel eventuelle technische Hilfsmittel und die Bestuhlung des Raumes aus.
3. „Wie viel Zeit steht mir zur Verfügung?" Darauf bauen Sie die Inhalte auf.
4. „Wie viele Hilfskräfte werde ich zur Organisation und zur Durchführung der Veranstaltung haben?" Die Faustregel: Je mehr Sie auf sich allein gestellt sind, desto wichtiger wird es, dass Sie sich optimal vorbereiten und frühzeitig vor Beginn der Veranstaltung vor Ort sind.

Haben Sie diese Basis zu Ihrer Zufriedenheit geklärt, lässt sich mit weiteren Form-Details Ihrem Auftritt die Krone aufsetzen.

→ Überlegen Sie ebenfalls vorher, welche Kleidung Sie wählen (→ Kleidungs-Image, Seite 17f). Denken Sie dabei, bitte, zusätzlich zum passenden Stil Ihrer Garderobe auch hieran: Wie bei einer Begrüßung oder Verabschiedung gilt für offizielle Situationen – zu denen zum Beispiel Vorträge und Präsentationen zählen –, dass zur empfehlenswerten Selbstdarstellung ein geschlossenes Jackett gehört. Kostüm- beziehungsweise Hosenanzugjacken bei Frauen eingeschlossen. Entscheiden Sie sich deshalb am besten für ein Outfit, in dem Sie auch bei geschlossener Jacke angenehme Bewegungsfreiheit haben.

- Seien Sie früh genug im Raum, damit Sie alle Details wie technisches Equipment in Ruhe prüfen können.
- Werden Sie von einer Person dem Publikum vorgestellt, flechten Sie freundlicherweise zu Beginn Ihrer Rede einen Dank an sie ein. Beschränken Sie sich bei einer eventuell notwendigen Selbstvorstellung, bitte, nicht auf Ihren Namen, sondern erklären Sie die Funktion, in der Sie das Wort an die Anwesenden richten.
- Ist es unumgänglich, dass Sie aus bestimmten Gründen an einem Redepult sprechen? Dann zeigen Sie sich wenigstens bei den ersten Begrüßungssätzen als „ganzer" Mensch, ehe Sie dahinter verschwinden. Die „alte Generation" solcher Kolosse verhindert nämlich, dass Sie mit Hilfe Ihrer Körpersprache schneller und besser Kontakt zu den Zuhörenden aufbauen können. Wenn eben möglich, organisieren Sie sich deshalb ein modernes, kleines und durchsichtiges Pult oder reden Sie ganz frei. In großen Räumen ist es sowie schon eine enorme Aufgabe, die weit hinten Sitzenden zu fesseln (→ öffentliche Distanz, Seite 11). Dabei hilft Ihnen dies: Lassen Sie ganz gezielt den Blick immer wieder auch über die letzten Reihen streifen. Gehen Sie eventuell auch verbal auf „die Hinteren" ein, etwa mit der Frage, ob Sie auch dort gut zu verstehen sind.
- Vermeiden Sie, bitte, dieses „Körpersprache-Fettnäpfchen": den Anwesenden Ihren Rücken zuzudrehen. Immer wieder zu beobachten, wenn technische Hilfsmittel eingesetzt werden! Und, last but least, halten Sie Ihrem Abschluss-Applaus stand. Wer hastig seine Unterlagen zusammenrafft und sich während des Beifalls mit gesengtem Blick „verkrümelt", vergisst: Der letzte Eindruck ist so wichtig wie der erste. Zwischen ihnen wird ein Vergleichsbogen geschlagen. Und nur, wenn sich die (unbewussten) Wahrnehmungen zu einer Person dabei entsprechen, wird sie als stimmig und authentisch in Erinnerung behalten.

„Vor allen Dingen vergesse man nie, dass die Leute unterhalten, amüsiert sein wollen."

Adolph Freiherr Knigge, deutscher Schriftsteller

Mit und ohne Strippe – Höflichkeit bei Telefon & Co.

Das Mini-Quiz für Ihren persönlichen Schnell-Check zu den Themen Melden, Weitervermitteln, Anrufbeantworter/Mailbox und Smartphone:

1 Eine moderne Art des Meldens am Telefon ist wie bei der Selbstvorstellung die „Ich-bin-Version“.

☐ richtig
☐ falsch

---

2 Da die Zeit und das Geld der Anrufenden gespart werden sollen, ist es am besten, sich beim Weitervermitteln auf ein knappes: „Ich verbinde“ zu beschränken.

☐ richtig
☐ falsch

---

3 Bei geschäftlichen Voicemail-Systems ist es höflich, einen Rückruf anzubieten.

☐ richtig
☐ falsch

---

4 Es ist nicht empfehlenswert, am Telefon noch einmal nach dem Namen zu fragen, wenn er nicht richtig verstanden wurde.

☐ richtig
☐ falsch

---

5 In Besprechungen und Meetings ist es gang und gäbe, dass alle ihre Smartphones angeschaltet lassen. Schließlich soll die ständige Erreichbarkeit gewährleistet sein.

☐ richtig
☐ falsch

---

6 Kleine verbale Verstärker wie „Ich verstehe“, „Hmm“, „Ja“ sind bei einem Telefonat mindestens so wichtig wie im persönlichen Gespräch.

☐ richtig
☐ falsch

Haben Sie etwas Zeit, die Antworten herauszufinden? Dann lesen Sie, bitte, das folgende Kapitel. Möchten Sie das Ergebnis lieber auf einen Blick?
Dann schauen Sie einfach auf Seite 104 nach.

Kurz und knapp oder „Bandwurm-Singsang“? – sich melden im Beruf

„Einen wunderschönen guten Morgen und ein herzliches Willkommen in der Klingmeier AG in Hintertupfing. Sie sind verbunden mit der Versandabteilung und sprechen mit Sophie Müller-Lüdenscheid am Apparat von Berthold-Bertram Assmannshausen. Was kann ich denn, bitte, für Sie tun?“ „Sich beim nächsten Mal viel kürzer melden!“, würden so manche wohl am liebsten darauf antworten. Und das ist verständlich, denn schließlich kosten „Bandwurm-Meldungen“ die Zeit – und eventuell auch das Geld! – der Anrufenden. Mögen solche Ansagen auch gut gemeint und scheinbar höflich sein: Sie sind keinesfalls ratsam. Und das nicht nur wegen der Länge. Oft werden solche Sätze entweder heruntergeleiert oder in einem einstudierten, äußerst merkwürdig anmutenden Ton „heruntergesungen“. Ganz zu schweigen davon, ob es überhaupt möglich ist, einen Menschen, der irgendwo am Telefon hängt, „IN der … AG willkommen“ zu heißen! Gute Kundschafts-Pflege ist unbestritten sehr wichtig. Doch die kann auch mit kürzeren Telefonmeldungen praktiziert werden. Die Grundbestandteile dafür sind: Tagesgruß, Firmenname, Name der annehmenden Person. Letzterer laut moderner Empfehlung mit Vor- und Zunamen. Wurde bei einem weitervermittelten Gespräch der Firmenname bereits genannt, können Sie ihn ohne Fauxpas-Gefahr weglassen. Ob Sie den Gruß an den Anfang oder ans Ende setzen, ist gleichermaßen höflich. Bei dieser Überlegung lassen Sie sich am besten von einem rein praktischen Detail leiten: In der Regel wird die erste Silbe – manchmal sind es auch zwei Silben – nicht verstanden. Deshalb kann es, beispielsweise bei kurzen Namen, besser sein, den Tagesgruß voranzustellen.

TIPP

„Ich-bin-Version“

Diese Form ist wie bei einer Selbstvorstellung auch am Telefon die modernste Variante. Beispiel: „Guten Tag, Redaktion Aktuell, ich bin Inge Schneider“. Das wirkt selbstbewusster als die beruflich weit verbreitete „Sie-sprechen-mit“-Formulierung und ist zudem kürzer.

Eine ebenfalls noch recht neue Variante der Gesprächsannahme ist die direkte – in Verbindung mit einem Tagesgruß – Anrede der anrufenden Person mit ihrem Namen. Vorrangig, wenn Sie diese relativ sicher am Telefon wissen – etwa bei einem Anruf vom Mobiltelefon –, ist diese Form empfehlenswert. Wird ein Anschluss von mehreren genutzt, könnte ein: „Guten Tag, Frau Schumacher. Wie schön, Sie zu hören“ sonst zu nötig werdenden Richtigstellungen führen.

„Ich leg Sie mal gerade um" – Mordandrohung am Telefon?

Aus dem Berufsleben gegriffen: Frau Aust hat den Kundendienst einer Firma angerufen und ihr Anliegen erläutert. „Augenblick, ich verbinde." Dudelidu-Dudelidei. „Ja, bitte?" Sie erzählt von vorn. „Da sind Sie bei mir aber an der ganz falschen Adresse. Moment, bitte. Ich leg Sie mal gerade um." Dudelidu. Dritter Anlauf. Noch einmal das Anliegen erklärt. „Aber dafür bin ich gar nicht zuständig. Ich verbinde Sie mal weiter." Dudelidei. Ärgerlich startet Frau Aust ihren vierten Versuch, der mit der deutlich ungehaltenen Frage endet: „Bin ich bei Ihnen nun endlich an der richtigen Stelle?!?" „Nein. Das ist Sache von Frau Bertram. Zu der kann ich aber von hier nicht durchstellen. Ich gebe Ihnen mal die Zentrale." Dudel … „Hier ist die Firma Unsortiert, Zentrale, herzlich willkommen. Wie kann ich Ihnen helfen?" Wenn Frau Aust jetzt platzen würde, hätten Sie sicher großes Verständnis für sie, nicht wahr?

Außerdem wissen Sie sowieso, wie Sie beim Weiterverbinden durch verbindliches und professionelles Verhalten die Kundschaft gut betreuen:

- Sie lassen Anrufende nicht im Unklaren, an wen Sie das Gespräch weitergeben. Freundlicherweise nennen Sie Namen, gegebenenfalls auch den Grund, warum Sie das Telefonat gerade an diese Person vermitteln: „Ich verbinde Sie mit meiner Kollegin Anita Schönhuber. Sie hat sich mit Ihren Unterlagen beschäftigt (ist für Ihr Anliegen zuständig; ist Ihre kompetente Ansprechpartnerin)."
- Können Sie erkennen, dass die gewünschte Ansprechperson gerade telefoniert beziehungsweise wissen Sie, dass diese nicht am Platz ist, versuchen Sie ein Weiterverbinden erst gar nicht.
- In einen solchen Fall bieten Sie entweder die Vermittlung an eine kompetente Vertretung oder einen Rückruf an. Beispiel: „Ich sehe gerade, dass Herr Teubner telefoniert. Darf ich Sie mit seinem Kollegen, Stefan Schmidt, verbinden oder ist Ihnen ein Rückruf von Herrn Teubner etwas später lieber?"
- Selbstverständlich sorgen Sie dafür, dass ein angebotener Rückruf nie vergessen wird!
- Sollte es trotz aller Umsicht doch einmal

TIPP

Ein Lächeln ist „hörbar"

Ganz gleich, ob bei der Gesprächsannahme oder beim Anrufen: Lächeln Sie, bitte, beim Telefonieren. So erstaunlich es auch klingt: Das „hört" die Person am anderen Ende. Die Stimme bekommt einen angenehmeren Klang, wenn Sie während des Redens lächeln. Zusatz-Tipp: Zur Erinnerung einen Smiley auf oder neben dem Telefon platzieren.

eine Panne bei der Weitervermittlung gegeben haben, bitten Sie dafür um Entschuldigung.

→ Sie hören sich sehr kritisch an, was die Warteschleife „tönend" füllt. Die seit einigen Jahren verstärkt auftretende Nutzung dieser Zeit für Werbebotschaften ist längst nicht jedes Menschen Geschmack. Gleiches gilt für eintönige, piepsige, zu laute und aufdringliche Musik. Und auch Gags, etwa ein komödiantischer Steuersong bei einer Steuerberatungsgesellschaft, können je nach Klientel daneben gehen.

„Bitte, sprechen Sie nach dem Piep" – elektronische Barrieren

Ob Mobilbox, Anrufbeantworter, Voicemail-System oder Mailbox genannt, eines eint diese „Anruf-Verhüter-Systeme": Es gibt immer noch viele Menschen, die es wenig „prickelnd" finden, ihr Anliegen darauf zu sprechen. Besonders hemmend wirkt es sich aus, wenn eine blechern tönende Stimme lediglich mitteilt: „Zurzeit ist niemand erreichbar. Sie können jedoch eine Nachricht hinterlassen." Na, fein. Und bei wem kommt diese Nachricht dann an? Was, wenn aus Versehen eine falsche Nummer gewählt wurde und die auf Band gesprochene Information an die völlig verkehrten Ohren gelangt? Derartige Irritationen ersparen Sie Ihrer Kundschaft besser. Außerdem wirkt eine solche Ansage ebenso unprofessionell – der Ausdruck „Piepton" ist es übrigens auch – wie mehr oder minder krampfhaft Witziges. Das sollten besonders diejenigen bedenken, bei denen sowohl private als auch geschäftliche Anrufe auf derselben Nummer ankommen. Dann ist auch eine lockere Du-Formulierung unangebracht. Für geschäftliche Ansagetexte gilt erstens das Gleiche wie für die persönliche Gesprächsannahme: In der Kürze liegt die Würze – auch beim Anhören dieser Mitteilungen, investieren Anrufende Zeit und unter Umständen Geld. Zweitens sollten die Grundbestandteile zur eindeutigen und schnellen Identifizierung vorhanden sein. „Hier ist der Anschluss 987654321" erfüllt diese Bedingung nicht. Außerdem fehlen dabei Höflichkeitsformen, die im Geschäftsleben dazugehören: Tagesgruß, Namen, Rückrufangebot, Dank für den Anruf. Weitere Hinweise, die im Berufsalltag sehr hilfreich sein können: die Angabe einer Mobilfunk-Nummer – bitte, langsam sprechen, eventuell wiederholen – und der Geschäftszeiten.

TIPP

Imageverlust

Wer montags gegen 12:00 Uhr anruft und die Bandansage hört: „Leider erreichen Sie uns außerhalb der Geschäftszeiten. Diese sind montags bis freitags von 9:00 bis 18:30 Uhr", wird sich fragen, wie viel Zuverlässigkeit bei dieser Firma wohl erwartet werden kann.

„Das Smarte“ – zwischen praktischer Erreichbarkeit und Nervensäge

Eine Konferenz mit zehn Teilnehmenden – ein Smartphone bimmelt in irgendeiner Tasche. Mindestens sieben der Anwesenden fangen an zu kramen, ob es wohl das ihre ist. Dies ist eine vergangene Szene – zum Glück. Es hat sich durchgesetzt, dass in Meetings und Geschäftsverhandlungen auf Telefonate wenn eben möglich verzichtet wird. Eine Ausnahme: Sollte ein Anruf für den Gesprächsverlauf nötig sein – etwa erforderliche Informationen –, wird das vorher abgesprochen und eine Sonderregelung getroffen. Doch selbst dann zeigen Sie sich höflich, wenn Sie mit Hilfe entsprechender Technik wie Vibrationsalarm Lärmbelästigung vermeiden. Denn genau die löst bei den meisten Menschen den größten Verdruss mit Blick auf die mobile Telefonie aus. Als kaum geringeres zweites Ärgernis wird das aufgezwungene Mithören von Gesprächen wildfremder Leute empfunden. Deshalb lautet die Grundregel zum höflichen Umgang mit dem Smartphone in der Öffentlichkeit: Überall dort, wo es die Ruhe und Entspannung oder die Konzentration anderer beeinträchtigen könnte, wird auf das Telefonieren verzichtet. Das gilt geschäftlich wie privat.

Ihre Wertschätzung und Rücksichtnahme zeigen Sie Ihren Mitmenschen durch diesen Umgang mit dem Mobiltelefon:

- Sicherheitstabus wie im Flugzeug oder Krankenhaus respektieren Sie selbstverständlich wie jede mit einem Verbotsschild gekennzeichnete Zone und schalten Ihr Smartphone dort aus.
- Ebenso ernst nehmen Sie Höflichkeits-Tabus: Bei Trauerfeiern und Beerdigungen, bei Krankenbesuchen, in Gotteshäusern jeder Konfession und beim Vorstellungsgespräch tragen Sie Ihr Mobiltelefon darüber hinaus nicht einmal sichtbar mit sich.
- Sie beweisen Fingerspitzengefühl, indem Sie es stumm schalten und zum Telefonieren eine Pause beziehungsweise das Ende einer Veranstaltung abwarten oder den Raum verlassen in Situationen wie diesen: alle mit Verbotsschildern gekennzeichnete Bereiche, etwa Wartezimmer in der Arztpraxis, Restaurants oder handyfreie Zonen im Zug, außerdem Theater, Konzert, Kino, Bibliothek, Museum, Feierstunde, Festakt, festliches Dinner, Seminar, Vortrag, Vorlesung, Gespräch mit der Kundschaft, Busreise und mehr.
- Bei gesellschaftlichen Anlässen wie einem Empfang, Restaurantbesuch, einer Familienfeier oder Cocktailparty und Ähnlichem schalten Sie Ihr Smartphone ebenfalls stumm. Sollte ein Telefonat unverzichtbar sein (was Sie allerdings genau prüfen und realistisch einschätzen) halten Sie genügend Abstand zu anderen Anwesenden ein. An eine Bitte um Entschuldigung für das Sich-Entfernen denken Sie dann selbstverständlich.

- Auch in Situationen des öffentlichen Lebens vermeiden Sie die Belästigung anderer durch zu laute „Klingel-Dudel-wie-auch-immer-Töne“ und zu viel Nähe, beispielsweise in Geschäften, in öffentlichen Verkehrsmitteln, in Hotelhallen (sofern dort nicht sowieso verboten).
- Sie legen während eines Gesprächs Ihr Mobiltelefon nicht auf den (Schreib-)Tisch. Sie wissen: Ihr Gegenüber könnte das als nonverbales Signal für: „Ich bin jederzeit bereit, die Unterhaltung mit Ihnen zu unterbrechen“ empfinden und sich somit als unwichtig eingestuft fühlen. Enorm verstärkt würde diese Negativ-Botschaft, wenn Sie mitten im Dialog den Blickkontakt lösten, um eine eingehende Kurznachricht zu lesen. Das wäre für Ihr Gegenüber der Beweis für das Empfinden: „Ich bin zweitrangig!“, und somit ein „Emotions-Rohr-Verstopfer“ erster Güte.

TIPP

Smartphone-Image

Wenn Sie Ihr Smartphone beruflich brauchen, denken Sie, bitte, hieran: Es ist ein Teil Ihres Images. Zum einen durch sein Aussehen und seine „Stimme“. Die „coolen“ oder witzigen Klingeltöne, die im Kreis von Teenagern vielleicht Bewunderung auslösen, können ein geschäftliches Renommee schnell lädieren. Zum anderen werden aus einem mehr oder weniger rücksichtsvollen Umgang mit dem „Tragbaren“ schnell Rückschlüsse auf das allgemeine taktvolle Verhalten den Mitmenschen gegenüber gezogen.

So, bitte, nicht – die häufigsten Telefon-Fettnäpfchen

Unabhängig von der Art des Telefons gibt es einige Verhaltensweisen, die entweder zum Schutz des eigenen Images oder mit Blick auf einen wertschätzenden Umgang miteinander besser vermieden werden:

- ☹ Sich melden mit: „Sie sprechen mit Herrn Mäcker“, „Sie sind verbunden mit Frau Althaus“. Wie bei der Selbstvorstellung (→ Seite 28f) gilt der Zusatz „Herr“ als stillos, „Frau“ als völlig überholt.
- ☹ Bei Geschäftstelefonaten ungenügend vorbereitet sein, zum Beispiel notwendige Unterlagen nicht parat haben, bevor zum Hörer gegriffen wird.
- ☹ Es zu lange klingeln lassen. Der günstigste Zeitpunkt für die Gesprächsannahme: nach dem zweiten Klingeln.
- ☹ Bei eingehenden Anrufen kein Papier und Schreibgerät für Telefonnotizen zur Hand haben. Schreiben Sie am besten als Erstes immer den Namen mit.
- ☹ Den Namen der anrufenden Person gar nicht oder falsch gebrauchen. Besser: Wenn Sie ihn nicht verstanden haben, nachfragen. Nur, bitte, nicht mit dem viel verwendeten Satz: „Wie war doch gleich noch Ihr Na-

me?“ Der Name war es nicht, er ist es noch! Ebenfalls schlecht: „Können Sie mir Ihren Namen buchstabieren?“ Wer wird denn einem Menschen unterstellen wollen, dass er dafür zu dumm ist? Empfehlenswerter: „Buchstabieren Sie doch, bitte, Ihren Namen. Ich habe ihn nicht richtig verstanden.“ Oder: „Wie schreibe ich, bitte, Ihren Namen richtig?“

- ☹ Während eines Telefonats auf laut stellen und andere mithören lassen, ohne die anrufende Person zu informieren beziehungsweise um Erlaubnis zu bitten.
- ☹ Nebentätigkeiten beim Telefonieren ausführen wie in Unterlagen blättern, am PC weiterarbeiten, essen, trinken, rauchen.
- ☹ Zu schnell, zu undeutlich, zu laut oder zu leise sprechen.
- ☹ Kleine verbale Verstärker vergessen (→ Aktives Zuhören, Seite 64f), die wegen der fehlenden körpersprachlichen Information sehr wichtig sind.
- ☹ Killerphrasen (→ Seite 58ff) gebrauchen.
- ☹ Unqualifizierte Auskünfte über nicht Erreichbare geben: „Susi ist gerade auf dem Klo.“ „Herr Herrmann macht heute blau.“ „Frau Niedernkamp ist gerade einkaufen gegangen.“
- ☹ Unprofessionelles Weiterverbinden (→ Seite 74).
- ☹ Angebotene Rückrufe vergessen.
- ☹ Zum Abschluss eines Gesprächs die höfliche Verabschiedung vernachlässigen und den Hörer zu schnell aufknallen. Ein gutes Gesprächsende umfasst das kurz umrissene Ergebnis beziehungsweise die Kernvereinbarung des Telefonats, den Dank für den Anruf und, je nach Bekanntheits- oder Fremdheitsgrad, die formelle Abschiedsformel „Auf Wiederhören“ oder ein „Tschüss“.

„Höflichkeit ist wie ein Luftkissen, es mag wohl nichts drin sein, aber es mildert die Stöße des Lebens.“

Arthur Schopenhauer, deutscher Philosoph und Schriftsteller

CI + CD = Corporate Korrespondenz? – schön wär 's!

Das Mini-Quiz für Ihren persönlichen Schnell-Check zu den Themen moderne Adressen, Anreden, Grüße und verstaubte Formulierungen:

1	„An die …", „An den …", „An das …" können Sie in einer Anschrift getrost weglassen. Diese Zusätze gelten als antiquiert und überflüssig.	☐ richtig ☐ falsch
2	In einer Adresse an ein Paar hat zwingend an erster Stelle der Mann zu stehen.	☐ richtig ☐ falsch
3	„Guten Tag, sehr geehrte Frau Muster" ist eine moderne Briefanrede, die sich allerdings ausschließlich in sehr unkonventionellem Umfeld eignet.	☐ richtig ☐ falsch
4	Briefanfänge wie: „Anliegend sende ich …" oder „beigefügt erhalten Sie …" passen nicht zu einem modernen Briefstil.	☐ richtig ☐ falsch
5	„Mit freundlichem Gruß" oder „Mit freundlichen Grüßen" sind in Geschäftsbriefen die einzigen empfehlenswerten Abschlussformen.	☐ richtig ☐ falsch
6	Die Abkürzung „MfG" hat sich aus Zeitersparnisgründen so durchgesetzt, dass sie inzwischen als höflich gilt.	☐ richtig ☐ falsch

Haben Sie etwas Zeit, die Antworten herauszufinden? Dann lesen Sie, bitte, das folgende Kapitel. Möchten Sie das Ergebnis lieber auf einen Blick? Dann schauen Sie einfach auf Seite 104 nach.

Altmodische Adressen – Überflüssiges im Überfluss

„An die Firma XY KG z. Hd. Herrn Abteilungsleiter Schulze“. Haben Sie beim Lesen dieser Anschrift vielleicht gestutzt, weil Sie meinen: „Ja, aber solche Adressen sind doch völlig ‚normal‘, täglich hundertfach oder noch öfter zu lesen bei der Geschäftspost!“? Das ist zwar richtig. Modern und empfehlenswert wird eine solche Anschrift dadurch allerdings noch lange nicht.

- → „Firma“ ist dann unnötig, wenn der Geschäftsname eine Verwechslung mit einer Privatperson ausschließt. Das ist somit automatisch bei allen Rechtsformen wie KG, AG, GmbH und weiteren der Fall. Ebenso, wenn Bezeichnungen wie „Frisuren und Beautyteam Gaby Kiebitz“ oder „Fachbuchhandlung Gerhard Stolte“ den Namen ergänzen.
- → „An die …“, „An den …“, „An das …“ gelten als überflüssige und antiquierte Zusätze. Und zwar sowohl bei Personen als auch bei Institutionen, Firmen, Verbänden und Ähnlichem. Modern ist somit beispielsweise: „Institut für …“ statt: „An das Institut für …“; „Präsidenten der Industrie- und Handelskammer, Herrn Dr. Hermann Sommer“ statt: „An den Präsidenten …“; „Finanzamt Bielefeld Außenstadt“ statt: „An das Finanzamt …“
- → „z. Hd.“ oder „z. H.“ („z. Hdn.“, ebenfalls oft zu sehen, ist sowieso falsch abgekürzt) kann getrost fehlen. Erstens, weil es nicht, wie fälschlicherweise oft angenommen, die Sicherheit für Folgendes ist: Nur die so angeschrieben Person dürfe den Brief öffnen. Dies garantiert lediglich der Zusatz „persönlich“. Zweitens ist es doch wohl selbstverständlich, dass ein Brief nicht zu Füßen gelegt, sondern in die Hand gedrückt werden soll.
- → Berufsbezeichnungen wie Abteilungsleiter werden schon seit Langem nicht mehr gebraucht – weder bei der Anrede (→ Seite 33f) noch in Anschriften. Ebenso antiquiert ist die Nennung allein des Nachnamens. Auch in eine zeitgemäße Geschäftsadresse gehören Vor- und Zuname der angeschriebenen Person.

Die moderne Version der Beispieladresse sieht demnach so aus: XY KG, Herrn Thomas Schulze (Straße, Ort). Ebenfalls höflich ist es, den Namen der Person vor den der Firma setzen. Doch garantiert diese Reihenfolge nicht, dass niemand anders den Brief öffnen darf (→ auch „z. Hd.“). Es ist lediglich ein „Höflichkeits-Recht“, das allerdings in vielen Firmen eingehalten wird.

Für moderne Anschriften an ein Paar – beispielsweise für Geschäftseinladungen – gelten folgende Empfehlungen:

- → Beide Personen werden mit Vor- und Zunamen angeschrieben. Also, bitte, nicht „Herrn Jochen Klein und Frau“ („und Gattin“, „und Gemahlin“

ist noch überholter). Moderne Frauen sind nicht begeistert davon, wenn sie zu namenlosen Anhängseln degradiert werden. Noch schlimmer: „Frau Ottmar Altmann“, wobei sie auch noch den Vornamen des Mannes übergestülpt bekommt.

➔ Die Reihenfolge ist variabel. Im internationalen Schriftverkehr ist es weit verbreitet, den Mann an erster Stelle zu nennen. In Deutschland gilt es aber als höflich, den Namen der Frau voranzustellen. Beispiel: „Frau Sophie Kunzi (und) Herrn Hugo Kunzi“. Ob Sie ein „und“ dazwischensetzen, ist reine Geschmackssache und hat nichts mit Höflichkeit zu tun. Doppelnamen und akademische Grade (→ Seite 33ff) sollen in der Adresse komplett erscheinen. In solchen Fällen ist es am besten, eine sonst mögliche Zusammenziehung wie „Herrn und Frau Sebastian und Stefanie Kluge“ zu vermeiden und die getrennte Schreibweise zu wählen: „Frau Dr. Gabriele Holly-Brauns, Herrn Andreas Brauns“. Führt ein Paar, auch ein gleichgeschlechtliches, keinen gemeinsamen Familiennamen, ist die getrennte Form sowieso notwendig. „Frau Professorin Dr. Ulrike Menke, Frau Dr. Tina Santorius“, „Herrn Dr. Olaf Behrends, Herrn Dr. Frank Schlosser“.

TIPP

Vornamen

Kennen Sie nur von einer Person den Vornamen, ist es am besten, den der anderen zu erfragen. Mitarbeitende geben darüber sicher gern Auskunft. Die im ungünstigsten Fall mögliche „gerechte“ Version: „Frau und Herrn Peitz“, bei der beide Vornamen fehlen, ist und bleibt eine unperfekte Notlösung.

Von anliegenden Menschen und Altertümern – Amtsschimmeldeutsch

„Werte Frau Siebenhühner, anliegend sende ich Ihnen das angeforderte Prospektmaterial. Beigefügt erhalten Sie auch eine vorbereitete Rückantwortkarte, mittels der Sie schnell und bequem bestellen können. Bezug nehmend auf unser Telefonat füge ich ebenfalls die Novitäten-Vorschau hinzu. Darin lesen Sie untenstehend die genauen Erscheinungstermine. Ebenso finden Sie in der Anlage die Preisliste …“

Zugegeben: Das ist Amtsschimmeldeutsch in geballter Ladung. Doch ein bis zwei Sätze daraus – wenn nicht mehr – sehen Sie in vielen Geschäftsbriefen, was bereits den Anspruch auf einen modernen Briefstil zunichtemacht. Das beginnt bei einer veralteten Anrede.

➔ „Werter Kunde“, „Hochverehrte Frau …“, „Verehrtester Herr …“, „Sehr verehrte gnädige Frau …“ und weitere Verehrungsformen passen nicht zu einem zeitgemäßen Geschäftsbrief. Wer die Formen „Sehr verehrte

Frau …", „Sehr verehrter Herr …" wählt, sollte wissen, dass damit ein äußerst konservatives Image geschaffen wird.

- Die „Sehr geehrte …" beziehungsweise „Sehr geehrter …"-Form ist bei beruflichen Schreiben die Standardversion – zwar nicht die modernste, jedoch richtig für alle, die konventionell erscheinen möchten.
- In Kombination mit einem Tagesgruß wirkt diese Version aktueller: „Guten Tag, sehr geehrte Frau …" oder „Guten Tag, sehr geehrter Herr …" und eignet sich trotzdem auch in konservativen Berufen.
- Eine weitere Möglichkeit, der „Sehr geehrten ..."-Form ein neues Gesicht zu geben, ist diese: Binden Sie die Anrede in den Einstiegssatz Ihres Schreibens ein. Er wird dann zum „Dreizeiler", der sich über Betreff-, Anrede- und Briefanfangszeile – mit je einer Leerzeile dazwischen – verteilt:
  „Wir laden Sie herzlich ein,
  sehr geehrte Frau Szolnoki,
  mit uns den ersten Jahrestag unserer Geschäftseröffnung zu feiern."
- Ein solcher empfehlenswerter, weil ins Auge fallender „Dreizeiler Einstieg" kann natürlich auch mit der „Liebe …" oder „Lieber …"-Anrede verwendet werden. Sie ist im Geschäftsleben nicht tabu, setzt allerdings eine vertraute Verbindung voraus.
- Das gilt auch für diese Version: „Liebe Hanne Pollmann".
- Kombinationen mit Tagesgruß und Namen wie: „Guten Morgen, Frau Keipert", „Grüß Sie, Frau Kesmarki", „Grüß Gott, Herr Morgenstern", „Hallo, Herr Cristian", „Guten Tag, Ilona Schuster" sollten mit Blick auf das gewünschte Firmen-Image gewählt werden. Zu konservativen Berufszweigen passen sie nicht vorbehaltlos. Die Ausnahme: Für Jugendliche eignen sich „Hallo, Ina (Meier)", „Guten Morgen, Jens Müller" in jeder Branche, ebenso dann, wenn ein Mensch weder mit Frau noch mit Herr angesprochen, somit auch nicht angeschrieben werden möchte.

Weiter geht es dann meist mit den vertrauten Üblichkeits-Phrasen, die viel zu lange ungeprüft immer wieder übernommen worden sind. „Anliegend sende ich …" bedeutet, genau gelesen, dass die absendende Person dem Schreiben „anliegt". Aber wer will sich schon freiwillig in den Umschlag quetschen und mitschicken lassen? „Beigefügt erhalten Sie …" zwingt ebenfalls einen Menschen in die unbequeme Lage – nun allerdings die Empfangsperson. Zum Glück wird diese mit „unten stehend lesen Sie" daraus befreit. Dank dieser Formulierung kann sie sich nun überlegen, ob sie etwa am Fuß der Treppe oder im Keller weiterlesen will. Tut sie es kritisch, wird sie sich fragen, wo sie denn, bitteschön, die Preisliste suchen soll. Ist sie im nächstgelegenen Park oder vielleicht in der firmeneigenen Heizungsanlage zu finden? Wenn überhaupt, wäre die passende Ausdrucksform: „*Als* Anlage finden Sie …" Doch selbst das ist nicht gerade als kreativer Geschäftsbriefstil zu bezeichnen. Dies gilt ebenso für weitere „Bürokraten-Wörter" wie: bezüglich, Bezug nehmend auf, zwecks, mittels, betreffs, diesbezüglich, unsererseits, Ihrerseits, aufgrund, Vorgenanntes, in obiger Sache.

Auch „Doppeldecker“ – Pleonasmen, Tautologien, Redundanzen – verbessern einen Briefstil nicht. Die auffälligen wie „runder Kreis“, „alter Greis“, „weibliche Zuchtstute“ lassen sich schnell erkennen. Doch es gibt jede Menge weniger offensichtliche wie Einzelindividuum, auseinanderdividieren, neu renovieren, mit einbeziehen, vorprogrammieren – immer wieder gern gebraucht! –, Rückantwort, hinzuaddieren, hinzufügen. Wenn Sie solche Gedankenlosigkeiten bei Ihrer Geschäftspost vermeiden, werden Sie sich positiv aus der Masse herausheben.

TIPP

Umformulierungs-Vorschlag

So könnte die moderne Veränderung des Beispiels auf Seite 81 aussehen: „Vielen Dank, sehr geehrte Frau Siebenhühner, für Ihr Interesse an unseren Produkten. Hier ist das von Ihnen gewünschte Prospektmaterial inklusive einer vorbereiteten Antwortkarte. Wie telefonisch besprochen, schicke ich Ihnen auch die Preisliste sowie die Novitäten-Vorschau mit. Sie enthält auch die genauen Erscheinungstermine ...“

MfG – nicht mal mehr in den Charts ein Hit

Wer sich nicht einmal die paar Sekunden Zeit nimmt, „Mit freundlichem Gruß (freundlichen Grüßen)“ auszuschreiben, führt die Aussage ad absurdum. Wirklich freundliche und höfliche Menschen vermeiden nicht nur diese, sondern auch andere Abkürzungen in einem Schriftverkehr. Sie verbessern einen Text keineswegs, können sogar miss- oder unverständlich sein. Die Ausnahmen: sogenannte Initialwörter wie UNICEF und allgemein bekannte, buchstäblich gesprochene Abkürzungen wie ARD. Wer hätte schon Lust auf den „Bandwurm“: „Arbeitsgemeinschaft der öffentlich-rechtlichen Rundfunkanstalten der Bundesrepublik Deutschland“? Apropos Bandwurm: Ellenlange Abschluss-Sätze, die mit einer Grußformel verknüpft werden, sind out. Ebenso, „ergebenst“ zu grüßen, „zu verbleiben“ oder „bestens dankend Ihrem geschätzten Auftrag entgegensehend“ einen Brief zu beenden. Zeitgemäßer und frischer wirkt es so:

- ➔ Sie verknüpfen die Grüße nicht mit dem letzten Satz, sondern lassen die Schlussformel für sich stehen.
- ➔ Sie variieren die Standard-Grußformel „Mit freundlichem Gruß“, wenn Sie ein modernes Image wünschen. Beispiele:
  - Für heute grüßt Sie (freundlich, herzlich) ...
  - Mit freundlichen Grüßen nach München ...
  - Es grüßt Sie freundlich aus (einem sonnigen) Bielefeld ...
  - Ein schönes Wochenende wünscht Ihnen ...
  - Einen guten Start in die neue Arbeitswoche! Das wünscht Ihnen ...

- Mit frühlingshaften (sommerlichen, strahlend sonnigen, herbstlichen, vorweihnachtlichen, winterlichen) Grüßen …
- Mit nochmaligem Dank und herzlichem Gruß …

➔ Stimmen Sie, bitte, Gruß und Anrede aufeinander ab. Beides soll zum Vertrautheitsgrad zur angeschriebenen Person passen. Bei „Allerherzlichste Grüße“ und der Anrede „Sehr geehrter Herr Dr. Bossel“ ist das nicht der Fall.

Die Briefkonkurrenz – E-Mails

Sie können inzwischen fast schon als „etablierte“ Korrespondenz-Möglichkeit bezeichnet werden. Dennoch denken manche offensichtlich immer noch, dass viele oder gar sämtliche für Briefe geltenden Empfehlungen bei dieser Übermittlungsart aufgehoben seien. Doch wer diesem Irrglauben erliegt, wird die E-Mail-Fettnäpfchen bei Geschäftsschreiben reihenweise treffen. Es ist unklug, eine E-Mail mit einer Kurznachricht zu verwechseln, statt sie wie einen Brief zu betrachten, bei dem lediglich die Versandart anders ist. Deshalb gilt alles – außer den Hinweisen zu modernen Anschriften – zu Briefen bereits Beschriebene auch für die elektronische Post. Ebenso die bekannte These: Für den ersten Eindruck – Anrede – gibt es keine zweite Chance und der letzte Eindruck – Gruß – bleibt. Hier einige weitere Tipps für die geschäftliche E-Mail-Korrespondenz:

➔ Formulieren Sie, bitte, einen aussagefähigen Betreff. Äußern Sie den Wunsch nach einer Eilantwort jedoch nur, wenn dies wirklich notwendig ist.

➔ Lassen Sie weder eine Anrede noch den Gruß weg. Ausnahme: Wenn mehrere Personen in ständigem E-Mail-Kontakt stehen, der einem Gespräch ähnelt, können Sie auf Anreden und Grüße verzichten, ohne unhöflich zu sein.

➔ Wählen Sie diese und Ihren Schreibstil ansonsten genauso, wie Sie es für die Empfangsperson in einem auf dem Postweg verschickten Brief für angemessen halten. Würden Sie in einem solchen zum Beispiel eine relativ fremde Kundin mit „Sehr geehrte Frau Bünting“ anreden und das Schreiben „Mit freundlichen Grüßen“ beenden, ist das in einer Mail ebenso angebracht. Daraus einfach ein „Hallo“ und „Gruß“ zu machen, nur weil ein elektronisch versandter Brief schneller ankommt, ist eine Fehlentscheidung.

➔ Vermeiden Sie auch in einer E-Mail unverständliche Abkürzungen und schreiben Sie andere – wie MfG – ebenfalls lieber aus.

➔ Verzichten Sie in offiziellen E-Mails am besten ganz auf Smileys. Sie sind nur in vertrauten Verbindungen, etwa unter gut bekannten Kolleginnen angebracht.

- Versenden Sie große Anlagen, bitte, lediglich dann, wenn die Empfangsperson diese wirklich wünscht oder braucht.
- Halten Sie den Verteilerkreis möglichst klein. Ihre Mitmenschen werden es Ihnen danken, wenn Sie ihnen dadurch unnötigen und belastenden Zeitaufwand ersparen.
- Unterschreiben Sie in vertrauten Geschäfts-Verbindungen in einem auf dem Postweg verschickten Brief mit „Ihre" oder „Ihr", ist dieser Zusatz auch in einer E-Mail an diese Person angebracht. Zwar kann er in einer Mail nicht handgeschrieben sein (wie es im Brief sein soll, weil zur Unterschrift gehörend). Doch das ändert nichts an seiner Existenzberechtigung in der elektronischen Post.
- Um den guten Eindruck einer E-Mail zu vervollständigen, ist es unerlässlich, auf korrekte Rechtschreibung zu achten. Prüfen Sie auch ein solches Schreiben deshalb lieber auf eventuelle Fehler, ehe Sie auf „Senden" klicken und vertrauen Sie vorsichtshalber nicht allein auf die Autokorrektur. Diese erfüllt ihren Dienst manchmal unvollständig oder baut gar entgegen Ihrer richtigen Eingabe Fehler ein.

„Wann passt es Ihnen?" – Termine vereinbaren, verschieben und mehr

Eine Terminabsprache mit einer solchen Frage einzuleiten, ist entgegenkommend. Es eröffnet die Möglichkeit einer Gegenfrage wie: „Welcher Zeitraum schwebt Ihnen denn etwa vor?", oder: „Wie dringend ist die Angelegenheit für Sie?" So wird ein für alle Beteiligten günstiger Zeitpunkt gefunden. Sind Sie gezwungen, einen Termin zu verschieben, ist das unter bestimmten Voraussetzungen unproblematisch. Hat die Sache noch Zeit und die betreffende Person in der näheren Zukunft noch Lücken im Kalender, vereinbaren Sie einfach ein neues „Date". Allerdings zeigen Sie sich dann höflich, wenn Sie eine nachvollziehbare Begründung für Ihren Verschiebungs-Wunsch angeben – je nach Lage der Dinge verbunden mit einer Bitte um Entschuldigung oder Verständnis. „Ich bitte Sie (sehr) um Entschuldigung (Verständnis), dass ich Sie so kurzfristig nach der Möglichkeit einer Verschiebung unseres Gesprächstermins frage. Der Grund ist …"

> **TIPP**
>
> **An den Dank denken**
>
> Haben Sie den Wunsch nach einer Terminverschiebung erfüllt bekommen, danken Sie dafür am besten bei dem späteren Treffen. Dies zeigt, dass Sie ein solches Entgegenkommen würdigen und keineswegs für selbstverständlich halten.

Vereitelt höhere Gewalt das Einhalten eines Termins, etwa bei Krankheit oder wenn ein Flugplatz bestreikt und so ein Rückflug „in time" unmöglich wird, ist der Ausdruck des Bedauerns, etwa: „Es tut mir wirklich sehr leid", als Mindest-Höflichkeit angebracht.

Wollen Sie einen Termin von vornherein absagen, etwa bei Einladungen zu Veranstaltungen, zeigen Sie Ihre Wertschätzung der einladenden Person so: Sie übermitteln Ihre abschlägige Antwort bis spätestens zum in der Einladung genannten Termin und begründen sie. Etwa mit Verhinderung wegen beruflicher Termine, Verpflichtungen im engeren Familienkreis, Urlaub, Krankheit und ähnlichen Umständen. Bringen Sie in einer solchen Veranstaltungs-Absage am besten zuerst Ihren Dank für die Einladung zum Ausdruck. Ebenso Ihr Bedauern, nicht teilnehmen zu können. Nach der Angabe des Verhinderungs-Grundes ist auch die Bitte um Verständnis angebracht. Gute Wünsche für den Verlauf der Veranstaltung geben der Ablehnung auf sympathische Art den letzten Schliff. Sagen Sie auf einer vorbereiteten Antwortkarte ab, können Sie sich auf nur das Kreuz bei „Ich nehme nicht teil“ beschränken, ohne als unhöflich zu gelten. Sehr viel verbindlicher und persönlicher wirkt es jedoch, wenn Sie eine kurze handschriftliche Ergänzung dazusetzen. Beispiel: „Schade: Ich bin in der Woche beruflich in München. Danke für die Einladung und toi toi toi für Ihre Veranstaltung!“

Wurde ein Termin vergessen, etwa im Umgang mit der Kundschaft, hilft nur noch eine sorgfältig formulierte Bitte um Entschuldigung als Rettungsversuch. Dann ist die schriftliche Form – am besten als handgeschriebener Brief – die empfehlenswerteste.

„Moment mal. Handschriftliches im Geschäftsleben?!? Das wirkt doch total unprofessionell!“, mögen manche jetzt vielleicht einwenden. Doch das ist so verallgemeinert eine Fehlmeinung. Sicher: Wenn Sie bei einer Firma zum Beispiel ein Angebot einholen, werden Sie sich vermutlich zumindest sehr wundern, wenn es mit der Hand geschrieben bei Ihnen ankommt. Eher noch würden Sie sich wohl fragen, ob dieses Unternehmen im letzten Jahrtausend stecken geblieben ist. Doch zwischen „normaler Geschäftspost“ und Schreiben zu besonderen Gelegenheiten liegen „Empfindungs-Welten“. In unserer Zeit, in der alles „schnell-schnell-mal“ verschickt – als Kurznachricht, E-Mail oder Fax – oder in einem sozialen Netzwerk gepostet wird, ist ein handgeschriebener Brief wieder etwas ganz Besonderes. Viele Menschen – und längst nicht nur Angehörige der älteren Generation! – empfinden das heutzutage wie ein „kleines Geschenk“. Und das mit gutem Grund, denn Fakt ist: Mit jedem handgeschriebenen Brief drücken Sie erhöhte Wertschätzung aus, eben weil er mehr Zeit braucht, keinen Fehler zulässt – da er ja nicht, wie am PC, zu verbessern ist – und Sie zusätzlich auch Mühe investiert haben.

Deshalb lohnt es sich bei vielen Gelegenheiten – nicht nur bei einer Bitte um Entschuldigung –, darüber nachzudenken, ob Handschriftliches die beste Wahl ist, etwa bei Hochzeits- oder Geburtstags-Glückwünschen für die Kundschaft. Wenn aus arbeitstechnischen Gründen ein komplett handschriftlich verfasstes Schreiben ausgeschlossen ist, bietet sich die „abgespeckte“ Version an. Dabei wird der gedruckte Hauptteil des Textes mit handgeschriebener Anrede und ebensolchen Grüßen „umrahmt“. Bereits diese Form hebt sich aus der allgemeinen Geschäftspost äußerst positiv heraus. Sie bietet sich unter anderem an, wenn im geschäftlichen Bereich unter relativ Fremden – etwa von Vorstand zu Vorstand – einem Kondolenzbrief eine persönlichere Note verliehen werden soll. In solchen Konstellationen gilt es nicht als unhöflich, ihn als PC-Schreiben zu erstellen. In anderen Fällen, besonders im Privatleben, soll ein Kondolenzbrief stets handgeschrieben sein.

INFO

Welcher Weg für welche Nachricht?

Bei der Antwort hilft diese Maxime: Je wichtiger Ihnen ein Anlass ist und umso mehr Sie einem Menschen Ihre Wertschätzung zeigen wollen, desto geeigneter ist der „gute alte Brief“, auch in gedruckter Form. Einige Beispiele: Entschuldigungen bei schwerwiegenden Fehlern (→ Seite 86), Dankschreiben, Glückwünsche zu besonderen Anlässen, wie (runden) Geburtstagen, Familienfesten, etwa Verlobung, Hochzeit, Silberhochzeit, goldene Hochzeit, Einladungen zu nicht alltäglichen Veranstaltungen, Weihnachts- und Neujahrswünsche. Und einen Kondolenzbrief verschicken Sie, bitte, vorzugsweise auf dem Postweg. Die anderen Übermittlungswege sind dann tabu, wenn Sie eine Todesnachricht mittels eines Trauerbriefes oder per Zeitungsanzeige erreicht hat. Nur wenn Sie auf eine per Kurzmitteilung, E-Mail oder Fax übermittelte Todesnachricht sofort zu reagieren haben, drücken Sie Ihr Mitgefühl bereits auf diesem Weg aus. Sie beweisen dann jedoch guten Stil, wenn Sie den offiziellen hangeschriebenen Kondolenzbrief so schnell wie möglich hinterherschicken (→ auch Seite 86). Lediglich unter völlig Fremden gilt es nicht als unhöflich, sich auf eine kurze Kondolenz, etwa in einer E-Mail-Antwort, zu beschränken.

Bevor Sie sich für einen Übermittlungsweg entscheiden, überlegen Sic am besten auch dies: Wie sicher ist er mit Blick auf die zeitliche Notwendigkeit sowie unter dem Aspekt der Vertraulichkeit? Beispiele: Bei einer kurzfristigen Terminverschiebung oder Absage können selbst die „schnellsten Medien“ die falsche Wahl sein. Ist ein Mobiltelefon ausgeschaltet, wird eine Kurznachricht nicht gelesen. Ebenso ergeht es einer E-Mail, wenn die Empfangsperson sie gar nicht öffnet. In dringenden und eiligen Fällen kann somit der Griff zum Telefonhörer die klügste Entscheidung sein. Ein Fax ist im Geschäftsleben in manchen Fällen ein recht „öffentliches“ Schreiben, das mehrere Personen zu Gesicht bekommen können. Und total gegen fremde Einblicke gefeit sind auch E-Mails und „WhatsApp & Co.-Nachrichten“ nicht. Letztere können bei der offiziellen Geschäftskorrespondenz wegen der begrenzten Textmenge sowieso keine Rolle spielen.

Prima fürs Berufsklima:

Einladungen und Feste

4

Ob für die Pflege der Kundschaft oder zur Verbesserung des Teamgeistes: Zusammenkünfte außerhalb der Arbeitszeit sind sehr förderlich, um Kontakte anzuknüpfen oder zu vertiefen. Auch Arbeitsessen erfreuen sich wachsender Beliebtheit. Lässt sich doch so das Angenehme gut mit dem Nützlichen verbinden nach dem Motto: Essen und Trinken hält (mehr als) Leib und Seele zusammen. In diesem Kapitel finden Sie hilfreiche Tipps zur Organisation und zu Tischsitten.

Gemeinschaft fördern und Kontakte vertiefen – nicht nur am Feierabend

Das Mini-Quiz für Ihren persönlichen Schnell-Check zu den Themen Einladungen ins Restaurant, Sitzordnung und Rolle der Gastgebenden:

1	Für geschäftliche Essenseinladungen ein unbekanntes Lokal zu wählen ist ein Risiko. Besser geeignet sind Restaurants, deren Qualität bereits persönlich erprobt wurde.	☐ richtig ☐ falsch
2	Es ist für Gäste angenehm, wenn sie im Restaurant seitens der Einladenden Tipps für die Speisenauswahl bekommen.	☐ richtig ☐ falsch
3	Die Rechnung wird am besten am Tisch bezahlt, damit die Gäste dort nicht allein gelassen werden, um es woanders zu tun.	☐ richtig ☐ falsch
4	Der Ehrenplatz am Tisch ist nach internationaler Sitte links neben der einladenden Person.	☐ richtig ☐ falsch
5	Eine moderne Maxime für Gastgebende besagt: Bei einem vorbestellten Menü sollen immer Austauschgerichte angeboten werden, damit Gästen unerwünschte oder unverträgliche Speisen erspart bleiben.	☐ richtig ☐ falsch

Haben Sie etwas Zeit, die Antworten herauszufinden? Dann lesen Sie, bitte, das folgende Kapitel. Möchten Sie das Ergebnis lieber auf einen Blick? Dann schauen Sie einfach auf Seite 104 nach.

Auswahl und Image – zwischen Imbiss-Bude und Gourmettempel

Ob Geschäftsessen zur Feier eines Abschlusses, Business-Lunch oder Umtrunk mit Teammitgliedern: Wenn Sie einladen, prägen Sie die Atmosphäre eines Zusammenseins bereits durch die Auswahl des Lokals entscheidend mit. Gleichzeitig bestimmen Sie dadurch den finanziellen Rahmen. Und aus diesem wiederum schließt Ihr Geschäftsgast unter Umständen, wie viel er Ihnen „wert" ist. Dazu kommt: Ihre Wahl beeinflusst – wenn auch unterschwellig – Ihr Image beziehungsweise das Ihrer Firma, welches Gästen in Erinnerung bleibt. Behalten Sie das und die folgenden Punkte deshalb am besten immer im Blick, ehe Sie sich für ein Restaurant entscheiden.

- Oberstes Gebot: Gäste sollen sich wohl fühlen. Nehmen Sie deshalb wann immer es möglich ist unbeabsichtigte Hinweise auf wie: „Ich wollte schon seit Langem mal die thailändische Küche ausprobieren". Haben Sie keine solchen Informationen, ist es empfehlenswert, Vorlieben und Abneigungen direkt zu erfragen.
- Stimmen Sie Anlass und Ambiente aufeinander ab. Eine Einladung ins Sterne-Restaurant zu einem opulenten Menü kann der passende – und unter Umständen sogar erwartete – Abschluss eines Millionengeschäfts sein. Um als Neuling den Einstand mit den Teammitgliedern zu feiern, bietet sich eine solche Lokalität eher nicht an.
- Denken Sie bei der Budget-Planung, bitte, auch hieran: Es wirkt großzügiger, wenn Sie in einem qualitativ guten Restaurant das Beste anbieten können, was Küche und Keller hergeben, statt dass Sie im Gourmettempel zu knausern haben.
- Kalkulieren Sie ebenfalls ein: Ihr Geschäftsgast möchte auch seinem Image entsprechend behandelt werden. Und „Buschtrommeln" verbreiten im geschäftlichen Bereich Informationen sehr schnell. Erfährt zum Beispiel „ein hohes Tier" Ihrer neuen Partnerfirma, dass Sie für seine Esseneinladung das gleiche Lokal gewählt haben, in dem Sie sonst Teambesprechungen abhalten, könnte das zu Unmut führen.

TIPP

Recherche auf Reisen

Wenn Sie in einem Ihnen unbekannten Umfeld, zum Beispiel auf Reisen, zu einem Geschäftsessen einladen wollen, dann testen Sie entweder vorher das von Ihnen ins Auge gefasste Restaurant. Oder lassen Sie sich in Ihrem Hotel die entsprechenden Tipps geben. Noch besser: Erforschen Sie im Sekretariat Ihres potenziellen Gastes, welche Restaurants er in seiner Umgebung bevorzugt.

→ Wählen Sie am besten ein Restaurant, das Sie kennen und auf dessen Qualität Sie sowohl im Servicebereich als auch beim Speisen- und Getränkeangebot vertrauen können. Eine geschäftliche Einladung eignet sich nicht als „Erforschungs-Abenteuer“. Die Ausnahme: Ihr Gast findet Gefallen an einem solchen Experiment und hat nach Absprache Lust, es mit Ihnen zu unternehmen

Im Restaurant – so führen Sie gekonnt Regie

Ihre Inszenierung beginnt bereits bei der Reservierung. Statt einfach „einen Tisch für vier Personen“ zu bestellen, äußern Sie besser spezielle Wünsche. So vermeiden Sie, zum Beispiel „den Katzentisch“ neben dem Durchgang zur Küche oder einen mitten im Raum zugedacht zu bekommen. Wählen Sie lieber eine ruhige Ecke, wenn vorhanden eine Nische, den Tisch am Kamin oder welche Vorzüge auch immer das Raumangebot des Restaurants bietet. Seien Sie trotzdem vorsichtshalber mindestens eine Viertelstunde vor dem vereinbarten Termin vor Ort. So können Sie in Ruhe prüfen, ob alles zu Ihrer Zufriedenheit vorbereitet ist und letzte Detailabsprachen mit der zuständigen Servicekraft treffen.

TIPP

Diskrete Begleichung der Rechnung

Perfekte Umsicht beweisen Sie, wenn Sie bereits vorab klären, wie die Bezahlung gestaltet wird. Es gehört nach wie vor zum guten Stil, die Rechnung außer Sicht- und Hörweite der Gäste zu begleichen. Das aber bedeutet zwingend, sie für diese Zeit allein am Tisch zurückzulassen. Die eleganteste Lösung: Sprechen Sie ab, dass Ihnen die Rechnung in die Firma geschickt wird. Dort, wo Sie als Geschäftsgast bekannt sind, wird dieser Wunsch in der Regel ohne Weiteres erfüllt. Sind Sie fremd, können Sie als eventuell gewünschte Sicherheit vorab eine Summe anbieten.

Treffen die Gäste ein, beginnt Ihre Spielleitung auf „offener Bühne“. Nachdem die Plätze (→ Seite 92) und die Speisekarten verteilt sind, zeigen Sie hervorragende „Regie-Qualitäten“, wenn Sie Ihren Gästen Hinweise geben wie: „Ich hoffe doch sehr, dass wir genügend Zeit für ein Menü haben“; „Schauen Sie sich doch, bitte, einmal den Menüvorschlag des Hauses an, ob er Ihnen zusagt“; „Wenn Sie gerne Seezunge (oder ein anderes der teuersten Gerichte auf der Karte) essen, kann ich sie Ihnen bestens empfehlen. Fisch ist hier ausgezeichnet.“ So wissen Gäste, in welchem Rahmen sie sich bei ihrer Auswahl bewegen können, ohne unverschämt zu erscheinen.

TIPP

Spezielle Speisekarten

Restaurants der gehobenen Klasse bieten teilweise Speisekarten ohne Preise an. Die frühere Bezeichnung „Damenkarte" ist zwar völlig überholt. Als „Gästekarten" erfüllen sie jedoch den lobenswerten Zweck, das Eingeladene völlig unbeschwert von „Preis-Gewissensbissen" wählen können. Fragen Sie also ruhig, ob solche Karten zur Verfügung stehen.

Haben Sie ein gemeinsames Menü für alle bestellt, denken Sie, bitte, an die moderne Empfehlung – die in diesem Fall besser „Pflicht" genannt werden sollte – für Gastgebende, Austauschgerichte anzubieten. Nach vorheriger Absprache ist das in einem guten Restaurant problemlos möglich. Wird einzeln nach der Karte bestellt, ist es eine freundliche Geste, wenn Sie das für alle übernehmen. In einer großen Runde kann das allerdings schwierig werden – Gehirnakrobatik fürs Merken nötig! Sie können das Bestellen dann auch ohne unhöflich zu sein jedem einzelnen Gast selbst überlassen – Sie warten natürlich ganz „gästefreundlich" bis zum Schluss.

GUT ZU WISSEN

„Bitte, nehmen Sie doch Platz" – Sitzordnungen

In einer größeren Runde ist das „Gefälledenken" – je weiter weg von Gastgebenden, desto unbedeutender – unverändert vorhanden. Bei einem Geschäftsessen bedeutet das also: Der hierarchisch höchste „Trumpfkarten-Mensch" hat den Anspruch auf den Ehrenplatz. Nach internationaler Sitte ist dieser rechts von der gastgebenden Person. Die Plätze links von ihr und die genau gegenüber gelten als die zweitbesten. Lädt ein Paar ein, gelten beide „rechten Plätze" als Ehrenpositionen. Runde Tische sind bei einer größeren Personenzahl übrigens im Vergleich zu einer langen Tafel „Gefälle mindernd". Haben Sie nur einen Gast – ganz gleich, ob mit oder ohne „Trumpfkarte" – in sehr kleiner Runde, überlassen Sie ihm am besten die Wahl, wo er sitzen möchte. Bieten Sie die Ihrer Meinung nach schönste und angenehmste Position an: „Möchten Sie vielleicht direkt ans Fenster? Dort können Sie einen herrlichen Ausblick über die Stadt genießen. Oder gefällt Ihnen ein anderer Platz besser?" Denken Sie dabei, bitte, an das in der Regel latent vorhandene Sicherheitsbedürfnis von Menschen. Die meisten fühlen sich unwohl, wenn sie mit dem Rücken zur Tür sitzen. Viele finden es bereits unangenehm, hinter sich das übliche Restauranttreiben zu wissen. Deshalb gelten solche Plätze als die schlechtesten und werden Ehrengästen erspart.

„Hilfe, ich bin bei meiner Chefin eingeladen!" – ist das nun privat?

Als reine Privatsache sehen Sie das klugerweise nur, wenn Sie mit Ihrer Chefin befreundet sind – was ja vorkommen kann. Handelt es sich jedoch vielleicht gar um die erste Einladung dieser Art? Dann kalkulieren Sie vorsichtshalber ein, dass Ihre Chefin Sie offensichtlich besser kennenlernen möchte – eventuell auch mit Blick auf die berufliche Zukunft. Vielleicht denkt sie über eine Beförderung nach oder eine Erweiterung Ihrer Aufgaben, etwa mehr Umgang mit der Kundschaft. Vielleicht möchte sie aber auch einfach nur das Bild, welches sie von Ihnen hat, vervollständigen oder erweitern. Doch seien Sie ganz unbesorgt. Wenn Sie den üblichen Verhaltensempfehlungen für höfliche Gäste folgen, kann kaum etwas schief gehen. Hier sind zur Erinnerung die wichtigsten Tipps:

- ➔ Sie sind selbstverständlich pünktlich, wenn Sie „um … Uhr" eingeladen wurden. Nur bei der Formulierung „zwischen … und … Uhr" haben Sie Spielraum mit Ihrem Erscheinen, ohne unhöflich zu sein.
- ➔ Dass Sie weder ein Haustier noch einen weiteren, uneingeladenen Gast mitbringen, ist völlig fraglos und sei nur der Vollständigkeit halber erwähnt.
- ➔ Sollte Ihre Chefin Kleidungswünsche geäußert haben, halten Sie sich selbstredend daran.
- ➔ Eine kleine Aufmerksamkeit als Gastgeschenk ist bei jeder Einladung Usus. Mit einem Blumenstrauß liegen Sie kaum jemals verkehrt. Kennen Sie jedoch bestimmte Vorlieben Ihrer Chefin – etwa eine spezielle Sorte Gebäck oder Pralinen – ist auch eine solche Kleinigkeit eine gute Wahl. Sie zeigt, dass Sie andere Menschen gut beobachten und deren Interessen speichern.
- ➔ Wenn Sie sich für Blumen entschieden haben, wissen Sie: In Deutschland wird ein Strauß ausgewickelt mit den Stielen nach unten überreicht. Die Ausnahme: Ein in durchsichtige Folie eingepacktes Gebinde wird mit ihr übergeben. Im Zuge steigenden Umweltbewusstseins vermeiden viele dieses Material allerdings mehr und mehr. Sollte es sich um eine Einladung mit größerem Gästekreis handeln, schicken Sie Blumen besser vorher. Dann denken Sie ohne Frage an eine Begleitkarte, auf der Sie schon vorab den Dank für die Einladung ausdrücken.
- ➔ Ganz gleich ob bereits geschickt oder nicht: Bei der Begrüßung – die Chefin reicht die Hand! (➔ Seite 23) – sprechen Sie diesen Dank auf jeden Fall aus.
- ➔ Sie setzen sich natürlich erst dann, wenn Sie einen Platz angeboten bekommen haben.
- ➔ Ihr Smartphone haben Sie stumm geschaltet – oder gleich zu Hause gelassen –, unsichtbar verstaut und Sie benutzen es auch nicht während der Zusammenkunft.
- ➔ Sollten Sie zur „Rauchergilde" gehören, respektieren Sie selbstverständlich ein eventuelles Rauchverbot.
- ➔ Sie kennen den offiziellen Gästebereich – Wohn- und Esszimmer sowie (Gäste-)Toilette – und wissen, dass alle anderen Räume tabu sind, falls nicht eine ausdrückliche Erlaubnis zum Betreten erfolgt.

- ➔ Handelt es sich um eine Einladung zum Essen, sind Sie mit guten Tischsitten (→ Seite 96ff) bestens vertraut und praktizieren diese auch perfekt.
- ➔ Sie entwickeln ein Gespür dafür, wann der richtige Zeitpunkt zum Gehen gekommen ist. Sie verlassen also weder fünf Minuten nach dem Dessert das Haus – etwa eine Stunde Verweildauer nach einem Abendessen ist angemessen – noch überhören Sie versteckte Hinweise wie: „Nun, morgen ist für uns wieder ein anstrengender Arbeitstag."
- ➔ Bei der Verabschiedung denken Sie daran, für „das exquisite Essen", „die angenehmen Stunden", „die interessanten Gespräche", „den schönen Abend" oder Ähnliches beziehungsweise für all das und noch einmal für die Einladung an sich zu danken.

Keine Feier ohne Meier – Betriebsfeste und ihre Tücken

Welche Duz-Fettnäpfchen bei Betriebsfesten trittbereit stehen und wie Sie mit solchen im Notfall am besten umgehen, wurde bereits beschrieben (→ Seite 39). Warum solche Veranstaltungen oft mit überreichlichem Alkoholgenuss einhergehen, wird wohl eines der Mysterien des Berufslebens bleiben. Was hingegen kein Geheimnis ist: Fließt der Alkohol in Strömen, werden Grenzen noch schneller übertreten – weil gar nicht mehr wahrgenommen –, als es in fröhlicher Feierlaune ohnehin schon leichter als sonst passieren kann. Die wichtigsten Maximen für Betriebsfeste lauten:

1. Schätzen Sie Ihre Alkoholverträglichkeit, bitte, kritisch ein. Lassen Sie sich lieber hänseln, „ja gar nicht richtig mitzuhalten", als dass Sie aus der Rolle fallen. Oder verlassen Sie das Fest früh genug, falls Sie doch „mithalten" wollen.
2. Bleiben Sie Ihrer sonstigen beruflichen Rolle treu. Meinen Sie zum Beispiel nicht, Sie hätten den Kumpel-Typ zu geben, wenn Sie sonst Wert auf Zurückhaltung legen. Dadurch werden Sie erstens unglaubwürdig und könnten zweitens Schwierigkeiten bekommen, am nächsten Tag die von Ihnen eigentlich gewünschte Distanz wiederherzustellen.
3. Fallen Sie auch verbal nicht „aus der Spur". Anzüglichkeiten oder schmutzige Witze sowie Diskriminierendes oder üble Nachrede, das typische „Über-andere-Herziehen", hat beim Betriebsfest genauso wenig verloren wie sonst im Arbeitsalltag.
4. Zeigen Sie auch ihre Wertschätzung durch die Wahl Ihres Outfits. Weder die starke Signalwirkung von Garderobe noch die Höflichkeit, Kleidungswünsche zu beachten, werden durch ein Betriebsfest aufgehoben.

Comeback für Traditionen – Tischsitten heute

Das Mini-Quiz für Ihren persönlichen Schnell-Check zum Thema Tischsitten:

1	Wer im Zuge eines beruflichen Auswahlverfahrens zu einem Testessen eingeladen ist, schaut sich am besten alle Tischsitten-Details bei der einladenden Person ab und macht sie nach.	☐ richtig ☐ falsch
2	Um zu zeigen, dass beim Essen nur eine Pause gemacht wird, werden Messer und Gabel rechts und links an den Tellerrand gelehnt und dabei mit den Griffen auf dem Tisch abgestützt.	☐ richtig ☐ falsch
3	Es ist empfehlenswert, Gläser, die einen Stiel haben, an diesem anzufassen statt am Kelch – außer bei Cognacschwenkern.	☐ richtig ☐ falsch
4	Brotstückchen als Schieber zu benutzen, in die Suppe zu stippen oder mit ihnen die Sauce aufzutunken, zählt in Deutschland immer noch nicht zu den offiziellen Tischsitten-Gepflogenheiten.	☐ richtig ☐ falsch
5	Artischocken sind selbst in einem gehobenen Restaurant stets ein Fingergericht.	☐ richtig ☐ falsch

Haben Sie etwas Zeit, die Antworten herauszufinden? Dann lesen Sie, bitte, das folgende Kapitel. Möchten Sie das Ergebnis lieber auf einen Blick? Dann schauen Sie einfach auf Seite 104 nach.

Gedeck, Besteck und Nebenzweck – Einladung zum Testessen

„Ach, übrigens: Was ich noch vorschlagen möchte, liebe Frau Weber: Lassen Sie uns doch einfach die letzten Details des Vertrags bei einem gemütlichen Abendessen besprechen. Und, bitte, bringen Sie unbedingt auch Ihren Mann mit. Er ist ebenso herzlich eingeladen wie Sie!" Begeistert kommt Frau Weber nach Hause: „Du, Horst, den Job hab' ich in der Tasche! Mein Chef in spe hat uns beide sogar schon zum Essen eingeladen!" Frau Weber hat sich zu früh gefreut. Sicher ist ihr dieser Job noch keinesfalls. Der Grund: Es handelt sich absolut nicht um eine locker-flockige Einladung – mag sie auch so formuliert sein. Es geht vielmehr um ein sogenanntes Testessen. Dabei werden das Sozialverhalten – wie geht die Person mit den Restaurantfachleuten und ihrer „besseren Hälfte" um – sowie die Tischsitten begutachtet. Letztere gelten als Gradmesser für das gesamte Umgangsformen-Know-how nach dem Motto: Wenn ein Mensch im Elternhaus gute Tischmanieren gelernt hat, wird er wohl auch Weiteres zu gutem Benehmen beigebracht bekommen haben. Was eine nachvollziehbare These ist.

Dem eventuellen Chef in spe von Frau Weber wird es kaum darum gehen, die Kandidatin durch extrem seltene oder exotische Speisen zu verunsichern, was bei solchen Testessen in der Regel ganz allgemein so ist. Die wichtigsten Details „ganz normaler" gepflegter Tischsitten hingegen sind wichtig.

TIPP

Zweifelhafte Ratschläge

Vorsicht ist angebracht bei Ratschlägen wie: „Wenn du etwas nicht weißt, schau doch einfach, wie die einladende Person es macht und übernimm das dann." Dies ist aus folgendem Grund unklug: Es gibt „Testende", die ganz bewusst Fehler zeigen, um zu sehen, ob diese nachgemacht werden. Wenn ja, wäre das dann der Beweis für: keine Ahnung!

So sind Sie (nicht nur) bei Testessen auf der sicheren Seite

- Brot und Brötchen essen Sie – weil als Beigabe gereicht – beim Lunch oder Dinner, nachdem Sie sich etwas Butter auf den kleinen Brotteller geholt haben, nach der „Bröckchen-Flöckchen-Methode": Ein Bröckchen davon abbrechen, ein Flöckchen Butter darauf geben und aufessen. So geht 's Biss für Biss weiter, statt „Stullen" zu schmieren und davon abzubeißen.
- Sie wissen, dass es im Gegensatz zu anderen Ländern in Deutschland immer noch nicht als „comme il faut", also als bei Tisch angebracht angesehen wird, Brotstückchen als Schieber zu benutzen, in Sauce zu tunken

oder gar in die Suppe zu werfen. Zumindest in offiziellen Situationen – zu denen ein Testessen zweifelsfrei gehört und auch jedes Geschäftsessen gezählt werden sollte – verzichten Sie deshalb darauf.

- ➔ Sie benutzen die Serviette gekonnt: Während des Essens liegt sie – einmal eingeschlagen – auf dem Schoß. Vor jedem Griff zum Glas tupfen Sie sich mit ihr den Mund ab, um unschöne Fettspuren am Glasrand zu vermeiden. Verlassen Sie während des Essens den Tisch, legen Sie die Serviette locker zusammengefaltet nicht – wie in den USA üblich – auf den Stuhl, sondern links neben das Gedeck. Dort ist auch der „Endparkplatz“, wenn das Essen beendet ist. Und zwar ganz gleich, aus welchem Material die Serviette ist, also heutzutage auch die aus Papier.
- ➔ Sie denken daran, ein Glas mit einem Stiel an ihm anzufassen, statt den Kelch mit der Hand zu umschließen. Die Ausnahme: Cognacschwenker.
- ➔ In Erinnerung an frühere Zeiten („Kind, sitz gerade und nimm sofort die Ellenbogen vom Tisch!“) achten Sie darauf, dass eine freie Hand bis maximal zum Handgelenk auf dem Tisch liegt. Und statt den Kopf über den Teller zu senken, befördern Sie die Speisen zum Mund.
- ➔ Selbst wenn Sie es noch so lecker finden: Außerhalb Ihrer eigenen vier Wände verzichten Sie darauf, beispielsweise Kartoffeln und Butter mit der Gabel zu einem Brei durcheinander zu quetschen. Eine solche „Muserei“ ist in der Öffentlichkeit nach wie vor verpönt.
- ➔ Sie verstehen es meisterhaft, mit dem Besteck zu hantieren. Sie nehmen Messer und Gabel nicht wie Kugelschreiber oder Mistforken in die Hand, sondern fassen die Griffe von oben. Dabei achten Sie darauf, dass Ihre Zeigefinger in gebührendem Abstand zur Klinge und zu den Zinken bleiben. Sind für ein aufwendiges Menü viele „Esswerkzeuge“ gedeckt, gebrauchen Sie die Besteckteile Gang für Gang von außen nach innen. Unterbrechen Sie das Essen, legen Sie Gabel und Messer auf dem Teller mit den Spitzen zur Mitte zeigend ab statt die beiden Teile rechts und links schräg an den Tellerrand zu lehnen und mit den Griffen auf dem Tisch(-tuch) abzustützen.
- ➔ Sie ersparen anderen am Tisch „Gänsehaut“, indem Sie keine Kratzgeräusche mit dem Messer auf dem Teller produzieren. Es ist weder zum Schaben noch zum Schieben, sondern ausschließlich zum Schneiden da. Außerdem verzichten Sie auf „Messerputzaktionen“ dieser Art: Die Messerklinge wird vom Anfang bis zur Spitze an einem abgeschnittenen Fleischstück entlang gezogen – etwa auch noch mit jeder Seite –, ehe es gegessen wird. Die Gabel stecken Sie mit der Wölbung nach oben ein, wenn Sie etwas abschneiden wollen. Sie halten sie umgekehrt, um Beilagen zum Mund zu transportieren.
- ➔ Sie kennen natürlich auch die „geheime Besteckspache“. Offenes Ablegen bedeutet: „Ich unterbreche nur das Essen“ beziehungsweise „Ich

möchte noch einen Nachschlag bekommen“ (falls ein Nachservier-Service vorgesehen ist, was in Restaurants immer seltener wird). Wollen Sie signalisieren, dass Sie mit dem Essen (dem Gang) fertig sind, legen Sie das Besteck parallel rechts schräg unten auf dem Teller ab – wenn Sie ihn sich als Uhr vorstellen, etwa zwischen „halb fünf bis fünf Uhr“. Dabei kommt die Gabel nach vorn, das Messer mit der Schneide zu ihr dahinter.

➔ Bei Speisen, die auf einem Unterteller serviert wurden, beherrschen Sie ebenfalls die richtige Ablege-Technik: Besteckteile finden am Schluss ihren Platz auf dem Teller, statt dass sie beispielsweise in einem Glas „stehen“, aus dem Sie einen Meeresfrüchte-Cocktail gegessen haben. Das gilt übrigens auch für kleine Löffel in Kaffee- oder Teetassen! – Unterteller vorausgesetzt.

➔ Ihnen sind selbstverständlich die bei uns geltenden Tischsitten-Tabus geläufig: Schlürfen, schmatzen und rülpsen gehören genauso dazu wie jegliche Arten von Körperpflege-Aktionen inklusive Haare kämmen. Dazu zählen für (Business-) Frauen auch Make-up-Korrekturen wie Nase pudern oder das Nachziehen der Lippen am Tisch. Ebenso verpönt: Einen Zahnstocher dort zu benutzen. Ersparen Sie, bitte, den anderen am Tisch diesen Anblick.

Vom ersten bis zum letzten Happen – alles in Butter!

Selbstverständlich gilt für Tischsitten wie bei allen modernen Umgangsformen: Sie werden je nach „Spielfeld“ und „Mitspielenden“ variabel gehandhabt. Doch Lockerheiten, die Ihnen im privaten Umfeld, etwa im Familienkreis, niemand übel nehmen würde, könnten im beruflichen Bereich unangenehme Folgen haben. Betrachten Sie deshalb am besten alle Geschäftsessen als „offiziell“. Zumindest, solange Sie nicht wissen, wie traditionell beispielsweise eine Geschäftspartnerin oder ein Kunde eingestellt ist. So ist es empfehlenswert, sich über die gerade beschriebenen Basics hinaus auch an die formellen Verzehrgepflogenheiten einzelner Speisen zu halten. Die meisten Unsicherheiten bestehen dabei mit Blick auf Fingergerichte: Was zählt offiziell eigentlich dazu? Um es gleich vorweg zu nehmen: Der viel zitierte Hähnchenschenkel nicht – jedenfalls nicht überall. Lediglich in rustikaler Umgebung wie im Bierzelt oder Biergarten, auf Volksfesten, in typischen Hähnchen-Grillstationen und in Fastfood-Lokalen gilt es nicht als Fauxpas, ihn in die Hand zu nehmen. Im Restaurant hingegen wird von einem „wissenden“ Gast erwartet, dass er „den Bollen“ und anderes Geflügel mit Besteck verzehrt. Anders ist das bei den in der Gastronomie allgemein üblichen Fingergerichten. Bei ihnen wird selbst im Sterne-Restaurant damit gerechnet, dass ein Gast sie mit den Fingern isst. Deshalb gibt es dazu auch zum Säubern der Hände ein Schälchen mit Wasser – meist mit einer Zitronescheibe darin – die sogenannte Fingerschale, auch als Fingerbowl bezeichnet.

TIPP

Die Zusatzserviette

Trocken Sie sich die Finger nach dem Säubern in dem Zitronenwasser an der Serviette ab, die Ihnen mit der Fingerschale gebracht wurde. Selbst dann, wenn Sie dort ein künstlerisch gefaltetes Gebilde wie eine „Lotosblume" sehen. Schließlich soll die Serviette auf Ihrem Schoß trocken bleiben. Fehlt die zweite am Schälchen, bitten Sie einfach darum, eine zu bringen.

Zu den offiziellen Fingergerichten gehören:

- Schalen- und Krustentiere (wie Krabben, Garnelen – ganz gleich ob Gambas, Scampi, King-Prawnes oder wie auch sonst benannt – Krebse, Langusten, Hummer), wenn nicht ausgelöst; Austern und (Mies-)Muscheln, sofern nicht überbacken
- Wachteln
- Spareribs
- Artischocken

Zu „Fingerfood" zählen:

- Chicken-Wings, Dips und alles, was unter diesem Begriff – zum Beispiel in Büfett-Form – angeboten wird. Allerdings sind dazu Fingerschalen weder üblich noch notwendig. Deshalb fallen sie im klassischen gastronomischen Sinn nicht unter den Begriff „Fingergericht".

Einige dieser Speisen lassen sich tatsächlich nur mit den Fingern „gefahrlos" verzehren. Spareribs würden mit größter Wahrscheinlichkeit vom Teller „hüpfen", wenn Sie versuchten, ihnen mit Messer und Gabel zu Leibe zu rücken.

Auch einer Artischocke kommen Sie mit Besteck anfangs nicht bei. Nur zum Schluss brauchen Sie eins, um das ungenießbare „Heu" – falls nicht bereits in der Küche entfernt – vom Artischockenboden abzuheben und diesen dann mit Messer und Gabel (oder mit ihr allein) zu essen. Vorher „enthüllen" Sie ihn, indem Sie Runde für Runde – von außen nach innen – die Blätter abzupfen. Diese tunken Sie dann mit dem unteren fleischigen Ende in die Sauce und lutschen sie aus.

(Mies-) Muscheln sind Speise und Esswerkzeug zugleich. Ein Schalenpaar benutzen Sie wie eine Zange, um das Muschelfleisch aus den weiteren herauszuziehen. Allenfalls aus dem ersten „Duo" entfernen Sie es mit einer Gabel. Austern werden Ihnen in der Regel bereits aufgebrochen serviert. Somit brauchen Sie das kurze, stumpfe Messer mit kräftigem Stiel – den Austernbrecher – in der Gastronomie kaum. Ein anderes Hilfswerkzeug hingegen schon: die Austerngabel. Mit ihr trennen Sie das Fleisch am sogenannten Bart oder Austernpunkt ab. Nun wird die „Edelmuschel“ an den Mund genommen und ausgeschlürft. Sie lesen durchaus richtig: Was sonst verpönt ist, gehört hier dazu. Allerdings schafft es ein Austernfan, geräuschlos zu schlürfen. Dies gilt auch für den Fall, dass die Auster und das Wasser nacheinander statt gleichzeitig genossen werden.

Krebse, Hummer und Langusten können Sie ebenfalls nicht verzehren, ohne die Finger zu Hilfe zu nehmen. Die Hummerscheren (Langusten haben keine) sowie die dünnen Beinchen trennen Sie vom Körper und brechen sie in den Gelenken. Wenn selbst die extrem schlanke, lange Hummergabel nicht hineinpasst, um das Fleisch herauszuziehen, saugen Sie die Beinchen einfach aus. Das zweite Spezialbesteckteil, die Hummerzange, benötigen Sie in der Gastronomie nur selten. Mit ihr wird der Panzer aufgebrochen, was meistens bereits vor dem Servieren in der Küche geschieht. Das Schwanzteil einer Languste oder eines Hummers wird wie ein Stück Fleisch mit Messer und Gabel gegessen. Am Leichtesten geht das, nachdem es aus dem Panzer gehoben wurde. Genau genommen sind diese Meerestiere also nur „Halbfingergerichte“. Anders bei Krebsen. Mit dem speziellen Messer schlitzen Sie den Panzer auf, falls es allein mit den Fingern nicht klappt. Das Schwanzteil wird herausgeholt, wenn Soßen bereitstehen, hineingestippt und mit den Fingern zum Mund geführt. Die kleinen Beine – die einfach ausgesaugt werden – schieben Sie zum leichteren Brechen am besten durch das Loch des Krebsmessers. Sie sind meist wesentlich widerstandsfähiger als sie aussehen.

TIPP

Sie haben die Wahl

Garnelen sind, obwohl sie zu den offiziellen Fingergerichten gehören, im Grunde genommen ein „Wahl-Fingergericht“. Haben Sie keine Lust auf fettige Hände, geht 's auch mit Besteck. Zwischen Kopf- und Schwanzteil gibt es eine „Schwachstelle“, in die Sie mit der Gabel hineinstechen und dann die Teile auseinanderschneiden können. Danach lässt sich der Panzer mithilfe des Messers – meist Stück für Stück – abheben. Zum Festhalten stecken Sie dabei die Gabel in das nach dem Trennschnitt freiliegende Stück des Schwanzteils.

Schnecken sind zwar – weil brutzelnd heiß serviert – niemals ein Fingergericht. Sie sollen hier aber wegen der folgenden Ausnahme erwähnt werden: Es kann gestippt werden, ohne dass selbst sehr Traditionsbewusste daran Anstoß nehmen würden. Der Grund: Aus den kleinen Vertiefungen eines Schneckentellers können Sie die flüssige Knoblauch- oder Kräuterbutter nur aufnehmen, indem Sie das Brot hineintunken. Je nach Servierart brauchen Sie eventuell als Hilfsbesteck die Schneckenzange und -gabel. Sind die Schnecken im Gehäuse, fassen Sie es mit der Zange, kippen die flüssige Butter in den dafür bestimmten großen Löffel und ziehen das Fleisch mit der kleinen Gabel heraus.

Neun weitere Tipps, wie Sie beim Geschäftsessen Furore machen

1. Bekommen Sie in einem gehobenen Restaurant kurz nach Ihrer Bestellung „einen kleinen Gruß aus der Küche" (oder: „... des Hauses", „... vom Küchenchef") serviert, handelt es sich um das Amuse-Gueule, auch Amuse-Bouche genannt. Es ist als Zeitüberbrücker sowie Gaumenkitzler gedacht und erscheint nicht als Extraposten auf der Rechnung. Wenn Sie sich ein laut geäußertes Erstaunen: „Aber das habe ich doch überhaupt nicht bestellt!?" verkneifen, beweisen Sie Restaurant-Sachverstand.
2. Zwar gilt auch heute noch: Alles, was problemlos ohne Hilfe des Messers zu zerkleinern ist, wird nur mit der Gabel gegessen, etwa Rührei, Ragoût fin und weiche Pastete. Frühere Schneideverbote wie für Kartoffeln, Spargel, Salat sowie Gemüse ganz allgemein und gekochte Eier sind jedoch aufgehoben.
3. Trotzdem kann es manchmal besser sein, auf das Schneiden der Kartoffeln zu verzichten. Wenn Sie zum Beispiel viel Sauce genießen möchten, zerteilen Sie die Erdäpfel lieber nach wie vor mit der Gabel. Der Grund: Eine glatte Schnittfläche würde keine Sauce aufnehmen und das Durcheinanderquetschen ist – wie bereits erwähnt – nach wie vor ein echter „Tischsitten-Patzer".
4. In Restaurants der gehobenen Klasse lohnt sich in diesem und ähnlichem Fall die Frage nach einem Gourmetlöffel. Seine Hauptaufgabe besteht darin, dass Sie mit ihm Sauce von einem flachen Teller löffeln können. Deshalb wird er manchmal zu Fleischgerichten und zu Desserts gereicht, öfter allerdings zum Fischgang. Dann kann er das Fischmesser ersetzen oder auch als drittes Besteckteil zusätzlich zum speziellen Fischbesteck gebraucht werden.
5. Lassen Sie sich bei einer eng gedeckten Tafel nicht verwirren, welcher Brotteller „Ihrer" ist. Grundsätzlich gehört der links stehende zu einem Gedeck.
6. Als Gast warten Sie mit dem Essen, bis eine gastgebende Person das Signal dazu gibt. Die formelle Art, dies zu tun, ist nonverbal: durch Ergreifen des Bestecks und einen aufmunternden Blick in die Runde.
7. „Guten Appetit" zu wünschen eignet sich bei einem offiziellen Festessen – auch Bankett genannt – auf keinen Fall. Ob es in kleiner Runde gesagt wird, ist Geschmackssache. Dies steht jedoch fest: Die Entscheidung pro oder kontra liegt bei den Einladenden. Ein höflicher Gast sagt es nie als Erster.
8. Ebenso wartet er mit dem Trinken, bis Gastgebende mit dem Zuprosten das Zeichen dazu geben. Gibt es während eines Menüs mehrere Weine, gilt das bei jeder neuen Sorte. Für Mineralwasser hingegen besteht keine

„Wartepflicht“. Es sowohl vor als auch während des Essens jederzeit ohne Aufforderung zu genießen, wird nicht als Unhöflichkeit eingestuft.

9 Das formelle „Zum Wohle“ oder „Auf Ihr Wohl“ ist beim Zuprosten die eleganteste Version. Ein lockeres „Prost“ oder „Prösterchen“ passt besser zur Stammtischatmosphäre.

Pleiten, Pech und Pannen – Krisenmanagement mit Gelassenheit

Ein Missgeschick kann jedem Menschen passieren. Fehler kommen nun mal vor, eben weil sie menschlich sind. Ein Ausrutscher ist außerdem nicht gleichbedeutend mit einem wissentlichen Affront. Wenn Sie das berücksichtigen, werden Sie so manche Situation gar nicht erst als Krise einstufen. Und das hilft enorm, eine – vielleicht gar nur vermeintlich – prekäre Situation mit Fassung und Umsicht zu entspannen. Oft ist es nämlich so, dass der „Peinlichkeits-Faktor“ von der verursachenden Person viel höher eingestuft wird als von anderen Anwesenden. Deshalb gilt: Dramatisieren Sie kleine Malheurs am besten nicht. Beispiele:

- Ihnen ist ein Besteckteil auf den Boden gefallen oder die Serviette unter den Tisch gerutscht. Statt „hinterher zu tauchen“, bitten Sie schlicht eine Servicekraft um Ersatz.
- „Die eine“ nicht entsteinte Kirsche im ganzen Kuchen ist – natürlich! – in Ihrem Mund gelandet. Vor lauter Gräten schmecken Sie den Fisch kaum noch. Ein Knorpelteilchen verdirbt Ihnen den Appetit. Kein Grund, nervös zu werden. Schieben Sie Ungenießbares mit der Zungenspitze auf das Besteckteil, mit dem Sie es auch in den Mund befördert haben und legen Sie es auf dem Teller ab. Wenn möglich, etwas versteckt, etwa unter einem Salatblatt.
- Sie haben sich böse verschluckt oder bekommen aus Erkältungsgründen einen schweren Hustenanfall. Verlassen Sie am besten mit einer knappen Bitte um Entschuldigung – das letzte Wort allein ist bereits höflich genug – an die Person(en) neben Ihnen den Tisch.
- Ihnen ist das Missgeschick passiert, dass Sie ein Glas umgestoßen haben. Selbst wenn sich nun Rotwein über das – bislang – strahlend weiße Tischtuch ergießt: Fangen Sie nicht an, hektisch daran herumzutupfen oder andere Rettungsmaßnahmen einzuleiten. Es zählt zu den Aufgaben der Servicekräfte, solche Pannen zu beheben, beispielsweise, indem die Stelle mit einer frischen Serviette überdeckt wird. Bei aufmerksamem Service geschieht das von allein. Wenn nicht, bitten Sie einfach um Hilfe.
- Ist das Eigentum anderer – etwa die Kleidung – in Mitleidenschaft gezogen worden, bieten Sie mit Ihrer Bitte um Verzeihung die Übernahme der entstehenden (Reinigungs-)Kosten an. Eine zusätzliche freundliche Ges-

te: Schicken Sie am nächsten Tag einen kleinen Blumengruß mit nochmaliger Entschuldigungs-Bitte.

- Sie haben sich mit Geschäftsgästen im Restaurant verabredet und wurden auf dem Weg dorthin durch widrige Umstände aufgehalten. Natürlich ist es unschön und die verkehrte Reihenfolge, wenn die Eingeladenen vor Ihnen dort eintreffen. So lässt sich die Situation entspannen: Informieren Sie nicht nur die Gäste, sondern rufen Sie auch im Restaurant an. Bitten Sie darum, sie in Ihrem Namen zu empfangen und bis zu Ihrem Eintreffen vorab mit Getränken zu versorgen.
- Das Haar in der Suppe, die Schnecke im Salat, ein versalzenes Gericht, der korkige Wein – Pannen, die es in der Gastronomie immer mal geben kann. Reklamieren Sie in solchen Fällen, bitte, ruhig und freundlich, zumindest sachlich. Bedenken Sie dabei am besten auch, dass diejenigen, die serviert haben, die Unschuldigsten an dem Problem sind. Haben Sie eingeladen, tun Sie Ihren Gästen einen Gefallen, wenn Sie ihnen eine notwendige Reklamation abnehmen. Entdecken Sie bei einem Gast Anzeichen von Unbehagen, fragen Sie in kleinem Kreis am besten direkt, ob etwas beziehungsweise was nicht in Ordnung ist. In größerer Runde ist es diskreter, eine Servicekraft mit dieser Nachfrage zu betrauen.

„Enthülle nie auf unedle Art die Schwäche Deiner Nebenmenschen, um Dich zu erheben! Ziehe nicht ihre Fehler und Verirrungen an das Tageslicht, um auf ihre Unkosten zu schimmern!“

Adolph Freiherr Knigge, deutscher Schriftsteller

Auflösungen zu den Mini-Quiz

Seite 7

1. falsch, 2. falsch,
3. richtig, 4. falsch,
5. richtig.

Seite 19

1. falsch, 2. falsch,
3. richtig, 4. richtig,
5. richtig, 6. richtig.

Seite 25

1. falsch, 2. falsch,
3. falsch, 4. richtig,
5. richtig.

Seite 40

1. falsch, 2. falsch,
3. richtig, 4. richtig,
5. richtig.

Seite 53

1. richtig, 2. richtig,
3. falsch, 4. falsch,
5. falsch.

Seite 72

1. richtig, 2. falsch,
3. richtig, 4. falsch,
5. falsch, 6. richtig.

Seite 79

1. richtig, 2. falsch,
3. falsch, 4. richtig,
5. falsch, 6. falsch.

Seite 89

1. richtig, 2. richtig,
3. falsch, 4. falsch,
5. richtig

Seite 95

1. falsch, 2. falsch
3. richtig, 4. richtig
5. richtig.

Glossar

Inge Wolff

Seit 2008 gibt Inge Wolff ihr Fachwissen unter anderem in der Aus- und Fortbildung zum „Business-Knigge-Coach AUI“ weiter. Diese wird nach den Empfehlungen des Arbeitskreises Umgangsformen International (AUI) mit viel psychologischem Hintergrundwissen zu Verhaltensformen der Menschen sowie einer Verpflichtung zur jährlichen Weiterbildung durchgeführt und vom AUI zertifiziert. Inge Wolff leitet das Gremium und vertritt es in der Öffentlichkeit, seit es 1989 als Nachfolge des Fachausschusses für Umgangsformen die Arbeit aufnahm. Sie wuchs von Kindesbeinen an sehr intensiv mit dem Thema auf, weil ihr Vater, Tino Schneider, 1956 der Begründer dieser ersten in Deutschland tätigen Expertenrunde war.

Nach Abschluss eines berufsbegleitenden Studiums als Tanz- und Ausdruckstherapeutin widmete sie sich völlig dem Thema wertschätzender Umgang. Durch die intensive Beschäftigung mit psychologischen Grundlagen und Modellen erkannte sie, wie viel wichtiger als ein „Regelkatalog“ solche Kenntnisse für ein angenehmes und konfliktarmes Umgehen miteinander sind. So beleuchtet sie sowohl aus dieser Sicht die „Knigge-Thematik“, als auch mit Blick auf die grundsätzlichen Werte, wie es – wenn auch vom Zeitgeist her anders – schon der berühmte, jedoch oft verkannte Freiherr Knigge den Menschen nahebringen wollte.

Seit 1989 verfasste Inge Wolff mehr als 20 Bücher zu den Themen Kommunikation, Verhalten sowie Kreativität und war fast zwölf Jahre lang Chefredakteurin eines Loseblatt-Sammelwerks zu ihrem Spezialgebiet. Sie ist Miterschafferin der „Anti-Blamier-Programme“ für Kinder sowie für Jugendliche und qualifiziert Fachkräfte, die diese Programme unter anderem an allgemeinbildenden Schulen unterrichten.

Ihre Kompetenz als Referentin und Dozentin für offene und firmeninterne Seminare ist bei Unternehmen verschiedenster Größe sowie an renommierten Akademien geschätzt und anerkannt. Gleiches gilt für Fernseh- und Rundfunksender sowie für Printmedien, die oft ihre große Sachkenntnis in Anspruch nehmen. Der Focus benannte Inge Wolff als „Benimm-Päpstin“, was sie allerdings ungern hört.

Bereits 1997 wurde ihr für ihr großes Engagement auf dem Gebiet der zwischenmenschlichen Begegnung und des wertschätzenden Verhaltens die Verdienstmedaille des Verdienstordens der Bundesrepublik Deutschland verliehen.

Danny Morgenstern

Danny Morgenstern ist Autor und Herausgeber zahlreicher Bücher. Er ist Mitglied im Knigge-Kompetenz-Team und aktiv im Arbeitskreis Umgangsformen International (AUI), dem ältesten in Deutschland tätigen Sachverständigen-Gremium zu den Themen Verhalten, Kommunikation, moderne Umgangsformen, im allgemeinen Sprachgebrauch gern als „Knigge"-Gremium bezeichnet, tätig.

Morgenstern ist Business-Knigge-Coach (ausgebildet durch Inge Wolff), Dozent für Moderne Umgangsformen und Kommunikation und war 2012 in München eines der Gründungsmitglieder des BvKnigge, dem Bundesverband für AUI- Business-Knigge Coaching und Training e.V..

Der Braunschweiger gibt deutschlandweit Knigge-Seminare und schult Fachkräfte im Umgang mit Kundschaft.

Kontaktdaten:

Telefon:	+49 (0) 531 894835
Fax:	+49 (0) 531 894835
E-Mail:	**danny.morgenstern@ts-hoffmann.de**
Web:	**www.ts-hoffmann.de**

Oliver Zschörner

Oliver Zschörner, 1972 in Holzminden geboren, arbeitet als zertifizierter Business-Knigge-Coach und Umgangsformen-Trainer. Seit 2001 beschäftigt sich der Familienvater mit dem Thema Umgangsformen.
Der Begriff „Knigge" begleitet ihn täglich in seinem privaten und beruflichen Umfeld.
Neben seiner Tätigkeit als Business-Knigge-Coach arbeitet er mit großem Engagement als freiberuflicher Tanzlehrer, was ihm ein „geniales" zusätzliches Tätigkeitsfeld verschafft.

...siehe auch: www.zschoerners.de

„Ich bin immer wieder darauf aufmerksam geworden: WIE, WANN, WO UND IN WELCHEM TON MENSCHEN MITEINANDER UMGEHEN UND KOMMUNIZIEREN!
Oftmals hat mich das sehr nachdenklich gemacht – leider nicht immer so positiv! Zusätzlich hatte ich zwei Situationen erleben dürfen, die mich sehr lang begleitet haben!
Beim ersten Mal hat es mich insofern getroffen, dass ich in einem Sterne-Restaurant speisen durfte und leider völlig hilflos war, was die Handhabung mit den Bestecken und Gläsern anging!
Meine Strategie war schlichtweg die, dass ich bei meinen Tischnachbarn abgeguckt habe: WAS UND WIE DIE JEWEILIGEN GÄNGE GEGESSEN WURDEN?!
Die zweite Situation war ein kalt/ warmes Buffet – ich war so erschrocken, wie die Menschen aus einem Buffet eine regelrechte „SCHLACHT" machten!
Diese beiden für mich sehr prägenden Momentaufnahmen haben mich schon sehr früh auf den Weg gelenkt, nach neuen Möglichkeiten zu suchen, dass GUTES BENEHMEN keine Glückssache ist!
Nach einigen Auslandsaufenthalten ergab sich nun die Möglichkeit, eine Ausbildung zum Business-Knigge-Coach bei Frau Inge Wolff, die mir da schon sehr lange bekannt war, zu absolvieren!
Zusammen mit meiner Frau habe ich dann einige Jahre in meinem Heimatort eine Tanzschule betrieben. Zusätzlich zum tänzerischen Angebot haben wir regelmäßig unseren Kunden Seminare zum Thema: MODERNE UMGANGSFORMEN angeboten. Nahezu 200 Teilnehmern konnten wir in unseren kleinen Tanzschul-Seminaren die SOFT SKILLS näher bringen.
Der Erfolg ließ nicht lange auf sich warten! Es sind dann mittelständische und größere Unternehmen am Ort auf mich und meine Tätigkeit aufmerksam geworden.
Heute darf ich auf eine recht umfangreiche Referenzliste blicken – die Unternehmen, die ich bereits einmal schulen durfte, buchen mich weiterhin sehr regelmäßig!
Heute bezeichne ich die Seminar-Tätigkeit als Dozent als meinen Hauptberuf!
Ich wünsche Ihnen nun viel Spaß und tolle Erkenntnisse und/ oder schlichtweg wieder in Erinnerung gebrachte Kenntnisse zum Thema: KNIGGE.....!"

37624461R00065

Printed in Poland
by Amazon Fulfillment
Poland Sp. z o.o., Wrocław